居家环境与健康

——你看不到的隐形伤害

中国疾病预防控制中心环境与健康相关产品安全所 组织编写

中国人口出版社
China Population Publishing House
全国百佳出版单位

图书在版编目（CIP）数据

居家环境与健康：你看不到的隐形伤害 / 中国疾病预防控制中心环境与健康相关产品安全所组织编写 . -- 北京：中国人口出版社，2023.6
ISBN 978-7-5101-9379-8

Ⅰ . ①居… Ⅱ . ①中… Ⅲ . ①居住环境 - 关系 - 健康 Ⅳ . ① X21

中国国家版本馆 CIP 数据核字 (2023) 第 152166 号

居家环境与健康
—— 你看不到的隐形伤害
JUJIA HUANJING YU JIANKANG
NI KANBUDAO DE YINXING SHANGHAI
中国疾病预防控制中心环境与健康相关产品安全所 组织编写

策　　划　曾迎新
责任编辑　曾迎新
装帧设计　刘海刚
插　　图　张秋霞　万　艺
责任印制　林　鑫　任伟英
出版发行　中国人口出版社
印　　刷　小森印刷（北京）有限公司
开　　本　880 毫米 ×1230 毫米　1/32
印　　张　4.75
字　　数　94 千字
版　　次　2023 年 6 月第 1 版
印　　次　2023 年 6 月第 1 次印刷
书　　号　ISBN 978-7-5101-9379-8
定　　价　36.00 元

电子信箱　rkcbs@126.com
总编室电话　（010）83519392
发行部电话　（010）83510481
传　　真　（010）83515922
地　　址　北京市西城区广安门南街 80 号中加大厦
邮政编码　100054

序言

近年来随着我国经济的发展，室外环境质量的持续改善，公众对居家环境健康的关注度越来越高。居家环境是公众每天停留时间最长的环境，其环境质量的好坏会直接对公众健康产生重要影响。大量人工复合材料用作建筑的装饰装修材料和室内物品，其中一些材料会释放甲醛、苯等挥发性有机物；家用电器和洁具等选择和使用不当会产生电磁辐射和臭氧，还会增加使用者意外伤害的风险；不良的生活方式和不恰当的防护措施等也会进一步加重公众在居家环境中的健康风险。

为了提升公众对居家生活中隐形伤害的认知，保持居家环境的卫生，养成良好的生活习惯，提升个人健康防护的技能，中国疾病预防控制中心环境与健康相关产品安全所组织编写了《居家环境与健康——你看不到的隐形伤害》一书。本书共11章，主要从以下三个方面来提升公众对居家环境中隐形伤害的认知和防护技能：一是科学规划、设计和选择装饰装修材料、家用电器和洁具等，从源头上控制和降低影响居家环境安全的有害因素，包括第一章至第三章；二是重点关注室内空气和饮用水的安全，注意日用纺织品、灯具和家用电器的正确使用，规避因使用不正确而带来的健康损害，营造健康、舒适的居家环境，包括第四章至第八章；三是选择科学健康的防护措施，养成健康的生活方式，降低不良生活习惯和防护行为产生的健康危害，包括第九章至第十一章。

本书内容深入浅出、通俗易懂，融科学性、知识性、实用性于一体，是居家生活的必备科普读物。

在本书出版之际，我们衷心感谢编写专家们的大力支持，在此谨致谢忱。由于笔者知识所限，书中难免有疏漏之处，恳请广大读者不吝赐教。

编者

2023 年 6 月

编写委员会

主　　编：潘力军

副 主 编：张宇晶　杨文静　王晓峰　丁震　张琦

编　　委：（按姓氏笔画排序）

丁　震　江苏省疾病预防控制中心

于　洋　广西壮族自治区疾病预防控制中心

王　姣　中国疾病预防控制中心环境与健康相关产品安全所

王苏玮　河北省疾病预防控制中心

王晓峰　浙江省疾病预防控制中心

叶　丹　中国疾病预防控制中心环境与健康相关产品安全所

印　悦　四川省疾病预防控制中心

吕　洁　中国疾病预防控制中心环境与健康相关产品安全所

朱雨秋　中国疾病预防控制中心环境与健康相关产品安全所

刘　瑶　中国疾病预防控制中心

刘　嫱　中国疾病预防控制中心环境与健康相关产品安全所

刘梓峥　中国疾病预防控制中心环境与健康相关产品安全所

刘　婕　中国疾病预防控制中心环境与健康相关产品安全所

闫　旭　中国疾病预防控制中心环境与健康相关产品安全所

许馨文　甘肃省疾病预防控制中心

李鑫洋　中国疾病预防控制中心环境与健康相关产品安全所
李景洲　辽宁省疾病预防控制中心
杨　夕　海南省疾病预防控制中心
杨文静　中国疾病预防控制中心环境与健康相关产品安全所
吴芸芸　重庆市疾病预防控制中心
张　琦　重庆市疾病预防控制中心
张宇晶　中国疾病预防控制中心环境与健康相关产品安全所
陈非儿　上海市疾病预防控制中心
郭　宇　中华预防医学会
曹婷婷　中国疾病预防控制中心环境与健康相关产品安全所
廖　岩　中国疾病预防控制中心环境与健康相关产品安全所
董家华　中国疾病预防控制中心环境与健康相关产品安全所
潘力军　中国疾病预防控制中心环境与健康相关产品安全所

目录

第一章 装修与健康

第二章 厨房与健康

第一节 厨房环境面面观

第二节　厨房用具样样看

第三章　卫生间与健康

第一节　环境布置要留心

第四章　卧室与健康

第五章　室内空气与环境

第六章 饮用水与健康

第七章 室内照明与健康

第八章 家用电器与健康

第九章 天气与健康

第十章 居家的健康安全

第一节 家庭意外应急技能要熟练

第二节 居家生活安全知识记心中

第三节　病媒生物防治办法要知悉

第十一章　生活方式与健康

第一章 装修与健康

一、选对材料，减少室内空气污染

装修材料直接影响室内空气的质量，进而影响居住者的身体健康。室内装修材料主要包括涂料、木料板材和壁纸。

1. 涂料

在选购时，要了解涂料的主要成分，同时询问商家其是否符合国家现行的标准，是否具有有资质的检测部门出具的检测报告，进而评判该涂料产品的环保性能。施工时要监督施工人员，确保其是严格按照施工规范粉刷墙面涂料。在选购涂料时，可参考以下指标进行判断。

（1）挥发性有机物（VOC）

挥发性有机物对人体健康的影响有三种：会产生气味和感官效应；会有黏膜刺激和对其他系统产生危害；致癌，某些挥发性有机物被证明是致癌物或可疑致癌物。

（2）甲醛

《建筑用墙面涂料中有害物质限量》（GB 18582—2020）中规定墙面涂料中的甲醛含量应≤ 50 毫克 / 千克。甲醛本身毒性较高，对蛋白质有很强的凝固作用，能与核酸的氨基及羟基结合使其变性，能阻碍胃酶和胰酶的作用，因而会影响人体代谢机能。

（3）重金属

重金属主要是指可溶性铅、镉、铬、汞等物质，其进入人体的量超过人体所能耐受的限度后，即可造成严重的生理损害，引发多种疾病。铅中毒对儿童更为严重，儿童对铅有特殊的易感性。我国《建筑用墙面涂料中有害物质限量》（GB 18582—2020）标准中规定：墙面涂料中的总铅含量应≤ 90 毫克 / 千克，不符合标准的，禁止在公共场所或室内用作装饰。

2. 木料板材

各木料板材的材质不同，甲醛污染指数也不同。板材甲醛污染指数排序：密度板（纤维板）> 细木工板 > 胶合板 > 多层实木接板 > 实木板。

3. 壁纸

壁纸的污染主要来自以下两个方面。一是壁纸本身释放出挥发性有机物，如甲苯、二甲苯、甲醛等。尤其是聚氯乙烯胶面壁纸，由于原材料、工艺配方等原因，壁纸上可能残留铅、钡、氯乙烯单体等有害物质，会对人的健康造成危害。二是壁纸胶黏剂产生污染。有的胶黏剂含有有机溶剂，与水基型溶剂相比危害更大。

以下是挑选壁纸的步骤：

看：看壁纸的表面是否存在色差、皱褶和气泡，花纹等图案是否清晰，色彩是否均匀。

摸：可以用手摸一摸壁纸表面，感觉它的质感好不好，薄厚是否一致。

闻：这一点很重要，如果壁纸有异味，很可能是由于甲醛、氯乙烯等挥发性物质含量较高。

擦：可以裁一块壁纸小样，用湿布擦拭纸面，看看是否有脱色的现象。

二、优选自然采光，合理布局光源

良好的采光和照明可以保护视力，愉悦身心，减少意外伤害，为进行各种活动提供安全的环境。

采光主要是利用自然光源，照明则多采用人工光源。利用自然光源不仅可以节约能源，而且让人在视觉上更习惯、更舒适，在心理上更能贴近自然。一般楼间距大的房子采光较好。楼间距是指楼栋与楼栋之间的距离。如果楼间距过小，前面的楼栋就会遮挡后面楼栋的光，尤其对低楼层的房间影响很大。一天之中，早晨的阳光是最弱的。因此，如果早晨房间采光没问题，那么，这套房屋的采光一般就没有问题。

对于一些采光不好的房间可以采用人工光源进行补光。对于屋内灯具的颜色，建议选择色温在 3300 K 以下的暖色，可以给人以温暖、舒适、健康的感觉。可以按

房间使用面积和使用需求选择瓦数合适的灯具。在照明过程中，使用者应适当调节光源的亮度，避免亮度过高或过低对人的眼睛造成伤害。

一般而言，对于面积 5 ~ 10 平方米的房间，推荐选择 18 ~ 24 瓦的灯具；对于 10 ~ 15 平方米的房间，可以选择 30 ~ 36 瓦的灯具；对于 15 ~ 20 平方米的房间，选择 40 ~ 48 瓦的灯具。客厅对灯光的要求比较高，要求其能满足照明，使客厅显得通透和明亮尤为重要，选择的灯具瓦数可以相应地高一点；卧室的光线要柔和，便于营造温馨的气氛，不应有刺眼的光，使人更容易进入睡眠状态，因此选择的灯具瓦数要相对低一点。

三、巧选门窗，远离噪声

住宅内的噪声主要来源于室外，如交通噪声、施工噪声和生活噪声等，家用电器在运行的过程中也会产生噪声。根据我国《民用建筑隔声设计规范》（GB 50118—2010）要求，对于卧室，其昼间的噪声应≤ 45 分贝，其夜间的噪声应≤ 37 分贝；对于起居室和客厅，允许其昼间和夜间的噪声均≤ 45 分贝。所以根据这些要求，为了卧室和书房等需要保持安静的房间更好地远离噪声，选择合适的门窗就显得尤为重要。

在家庭装修设计中，可以通过门窗的设计来减少噪声污染。门的隔音效果如何不仅取决于门的密封性，门板质量也是很重

要的因素。门板的隔音效果主要取决于门内芯填充物的质量。木材本身密度越大，门隔音效果越好，所以实木隔音效果最好。在装修预算允许的前提下，尽量选用实木的门。

窗户隔音效果的好坏主要取决于窗框、玻璃、五金件和开合方式等。窗框材料多种多样，有实木、塑钢、铝合金、不锈钢等。现在用实木作为窗框材料的比较少，根据隔音效果考虑，塑钢和断桥铝材料的较好，具体也要根据窗框厚度、型材壁厚、窗框密封性而定。玻璃按照材质可划分为普通玻璃、中空玻璃、复层中空玻璃和真空玻璃等。这几种玻璃中真空玻璃的隔音效果最好，因为真空玻璃是将两片玻璃隔开，并抽空中间的空气，

玻璃间形成真空层，应用声音不能在真空中传播的原理来隔音。窗户的五金件包括合页、滑轨、执手、铰链等，五金件的好坏也会影响窗户密封性的强弱。窗户按照开合方式一般分为推拉窗、平开窗、悬窗、内倒窗等，它们各有自己的优势劣势，而其中密封性最强的要数平开窗。

除此之外，门窗密封条、隔音膜、隔音窗帘等也会影响隔音效果。

四、选对窗帘，愉悦心情

选窗帘首先考虑的是与家装风格是否搭配，一款好的窗帘能提升整体家装的气质与颜值。从配色方面来说，纯色是首选，简洁大方。碎花图案与其他田园风格图案的质朴自然，相得益彰，为房间增添生机与活力。素雅的条纹图案也是不错的选择。

窗帘往往由窗帘布、窗纱和其他配件构成。窗帘布从原料质地方面区分，常见的有纯棉窗帘、麻布窗帘、涤纶窗帘、真丝窗帘，也有多种原料混织而成的窗帘。目前用得最多的是涤纶、腈纶类窗帘。因为涤纶、腈纶窗帘都是聚酯类的产品，也有商家统称为聚酯窗帘。聚酯窗帘定形性能好，多次洗涤之后不易变形，但透气性、吸湿性略逊于天然面料，比较容易起静电。制作聚酯窗帘的面料中是没有甲醛的，甲醛主要是来自窗帘的黏合剂、印花或涂层。部分商家为控制成本，使用甲醛含量超标的助剂进行定形、防缩、固色。这种布料受到阳光照射时，非常容易挥发高浓度甲醛，挑选时要格外注意。

窗帘还要与不同配件搭配，才能更好地提升美观度。窗幔、滑轨、罗马杆、花边、铅坠、布带、钩子、自动窗帘电机、绑带等都是窗帘的附件。随着社会的发展，电动窗帘的使用率越来越高，安装上自动窗帘电机，用遥控器或手机智能控制开启非常方便。

五、挑选使用家具有妙招

挑选家具和合理摆放家具关系到居住者的身心健康。家具的材料类型、加工工艺、油漆、黏合剂等都可能使家具散发出有害气体。此外，家具的摆放和家具的数量也会对室内空气产生影响。

1. 家具挑选的注意事项

消费者没有精密的检测仪器，当然也不可能随身携带精密仪器去购买家具，但是消费者可以对家具进行初步的检查。最健康的家具是采用天然材料制成。这些材料本身不含有害物质或者含极少量的有害物质，这大大降低了有害气体的释放量。天然材料一般为实木、藤、竹子等，因为取材选自天然，本身不含有害化学物质，所以这类家具在原料上是相对环保的。

家具选择要重点关注以下几个方面：

看标准：板材的甲醛释放量有 3 个级别，即 E0 级、E1 级、E2 级。E0 级板材甲醛释放量≤ 0.5 毫克 / 升，E1 级板材甲醛释

放量≤ 1.5 毫克 / 升，E2 级板材甲醛释放量≤ 5.0 毫克 / 升。E0 级是目前板材环保性能较高的等级。有条件时尽量选择 E0 级板材。

看饰面：不要以为看饰面只能评判家具的外观，其实板材的饰面情况也影响着其环保性。饰面对板材而言除了有装饰作用外，还具有减缓板材甲醛释放的作用。

闻味道：可以闻一下家具的味道，如果有刺鼻的味道，那么这款家具很有可能是板材中甲醛浓度超标或者使用的油漆、填充料等苯的浓度超标，这两种污染物都会有刺激性味道。因此，不建议选购此类家具。

2. 购买家具后的注意事项

（1）加强通风

单个家具的有毒有害气体的释放量可能是在国家规定的安全范围内，但是多种家具摆放在一起，有毒有害气体的释放量就可能会超过标准了，所以要加强房间通风。一般新装修的房子里摆放新购置的家具，半年后入住最合适。有条件时也可以请专业的机构对室内空气质量进行检测，合格后再入住。

（2）使用除甲醛产品

可以用活性炭来吸附甲醛。活性炭是一种具有极高吸附性的材料，可以有效地吸附新家具释放的异味。一般推荐选择规格较大的颗粒状活性炭，吸附能力更强。具体做法可以将活性炭放置于新购买的家具内，如书柜和衣橱内部以便更好地吸附去除家具内的异味。使用活性炭时，需要注意定期更换活性炭。

活性炭一般 1 ~ 3 个月要进行更换。否则长时间不进行更换，活性炭吸附灰尘和异味达到饱和后，就会导致二次污染的情况出现。

（3）使用空气净化器

空气净化器对新家具异味也有一定的去除效果。空气净化器有不同的类型，可以选择具有除甲醛功能或者含有活性炭滤芯的空气净化器，可以吸附去除空气中有害气体，从而降低家具气味对室内空气的影响。挑选空气净化器时要注意选择“三高一低”：高洁净空气输出比率（CADR）、高累计净化量（CCM）值、高效能、低噪音，了解空气净化器的清洁空气输送能力后再挑选。

第二章

厨房与健康

第一节 厨房环境面面观

一、打造耐脏、易清洁的厨房

厨房是我们每天做饭的地方，除了要关心食材，厨房的清洁同样不能忽视！厨房是一个很容易产生污渍、油渍的地方。如果选择的厨房装修材料不合适，则会增加污渍和油渍清理的难度，进而影响厨房的外观，也可能造成使用者滑倒等意外伤害。

一是不要在厨房贴马赛克墙砖。虽然它的美观度高一些，但是不易清理。油烟和污渍容易贴在墙砖的缝隙里，很难清理到位，时间久了很难刷掉。选用大块的墙砖，虽然可能色彩单调，但是用起来真的很舒心，节省了刷墙缝污渍的时间。

二是充分利用墙面空间。除了橱柜空间外，厨房的墙面空间也可以利用起来。厨房的墙面上可以多挂不锈钢挂件，成本低，结构简单，安装便捷，还具有耐污、易清洁的特点，非常适合在厨房中使用；不仅可以挂锅勺、抹布，上面还可以摆放调料瓶，存取方便，也可以间接使工作台变得更加干净整洁。

三是厨房地板瓷砖要防滑耐脏。厨房是一个高湿的地方，洗菜、刷锅的时候都可能导致水花四溅，因此，厨房的地板瓷砖一定要选择防滑且耐脏的，像通体砖、釉面砖等，不仅时尚好看，而且防滑耐脏。

二、小心厨房油烟——$PM_{2.5}$的制造者

厨房是室内细颗粒物的主要来源地之一，细颗粒物主要产生于炒菜所生成的油烟等之中。如果不及时排出或开窗通风，很容易使厨房内 $PM_{2.5}$ 浓度超标。长期吸入高浓度的 $PM_{2.5}$ 可引发心血管疾病和呼吸道疾病，甚至会有罹患肺癌的风险。所以应尽量减少 $PM_{2.5}$ 的吸入，具体措施如下。

1. 少用炒、炸、煎

尽量不要每餐每个菜都选用炒、炸、煎的方式，多用炖、煮、蒸、凉拌等烹调方式，不仅能减少油烟，而且还能减少油脂的摄入量，有利于控制体重，同时还有助于培养清淡口味的饮食习惯。

2. 掌握正确的烹饪方法

用新油炒菜，不要用煎炸过或加热过的油炒菜。煎炸过的油，或者使用过一次已经混有杂质的油，烟点会明显下降，这就意味着炒菜油烟更多，会对食用者的健康造成更大伤害。炒菜时，要在油烟还没有明显产生的时候就把菜放进去。常

温的菜会让烹调油迅速降温，从而避免油温过高的问题产生。在开火的同时打开抽油烟机，等炒菜完成后继续开 5 分钟后再关上。很多家庭做饭是看到油烟或等到油烟大量产生时才开抽油烟机，为时已晚。烹饪时尽量把厨房的窗户打开，以加快空气的流通。

3. 随时清洁抽油烟机和灶具

针对厨房油烟问题，最常用的处理方法就是随时打扫，在油烟产生时立即处理。对于墙壁、器具上刚形成的油烟，趁着抽油烟机上还有余热，用抹布将表面稍微擦拭一遍，就可以轻松去除沾在抽油烟机上的油渍。

三、抹布使用有讲究

厨房中使用的抹布要厚实柔软，吸水性能强，去油污效果好，抹布应容易搓洗和晒干。常见的抹布有毛巾等棉织品、百洁布、胶棉 / 海绵布、纯木纤维布几种。

抹布上容易滋生细菌，而且会接触厨房的台面、餐具和锅具等，因此抹布的卫生质量会对人的健康产生重要影响。每天，抹布用完以后要清洗干净，并展开晾干，还可以将抹布放置在镂空或不镂空但干燥的架子上，加速其干燥，这样还能隔离脏水。时常清洁抹布，不仅可以保持抹布卫生，还能使我们远离致病菌。对于抹布的清洁，建议每周消毒一次。日常简单的抹布消毒方式有三种：煮一锅开水，倒入食用碱，

将抹布放进去煮3~5分钟；将抹布浸湿后放进微波炉中加热2分钟；用84消毒液浸泡20~30分钟，再用清水洗干净。建议2~3个月更换一次抹布，如果使用频率高，可每个月更换一次。

四、巧设橱柜

合理的橱柜设计，会大幅提高厨房空间利用率，做起饭来得心应手。围绕常规的“洗—切—炒”动线设计是橱柜比较普遍的设计方式。常见的厨房台面设计类型有“一字形”“L形”“二字形”“U形”等，台面结构顺序的安排决定动线合理度的高低。

“一字形”厨房台面设计：厨房台面沿墙面“一字形”排开，洗菜、备菜、做菜等操作在一条直线上完成。这样设计可以节省空间，适合小户型狭窄厨房，适合生活简单、对收纳功能需求小的家庭。

“L形”厨房台面设计：操作台面呈现“L形”。L形厨房台面设计解决了转角尴尬的问题，比较灵活、多变，适合三口之家。

“二字形”厨房台面设计：双操作台面呈现平行关系，在上面可以存放多一些的厨具、物品等。但是，这种设计需要有宽敞的厨房空间，否则会有压抑感，适合对收纳功能需求大的家庭。

“U 形”厨房台面设计：操作台面比“二字形”设计多一个转角，空间利用充分，功能区域划分比较明确，适合对收纳需求大的多口之家。

厨房地柜的台面高度一般在 80 ~ 90 厘米，要结合家人的身高进行设计，这样更便于实际使用。计算公式可参考：身高 ÷2（厘米）+（5 ~ 10）（厘米），按照这个公式计算出的台面高度是最舒适的台面高度。

五、厨房垃圾巧分类

垃圾分类和每个人的生活息息相关，应该从每个人做起，

从每个家庭做起，将垃圾分类养成一种生活习惯。不仅大人要做到，对孩子进行垃圾分类的教育也十分重要，要做孩子的榜样，从而使自己的家庭养成垃圾分类的好习惯。

1. 厨房垃圾主要分为湿垃圾和干垃圾

（1）湿垃圾即有机垃圾

湿垃圾主要包括剩菜剩饭、蔬菜的无用部分、果皮、瓜果残渣、肉类、蛋壳等可以自然分解的垃圾。这些垃圾需要

尽快处理，可以投放到厨余垃圾桶中，然后送到小区或者社区的垃圾分类站进行集中处理。

（2）干垃圾即可回收垃圾和其他垃圾

可回收垃圾主要包括纸张、塑料、玻璃、金属等可以回收再利用的垃圾。其他垃圾包括砖瓦、陶瓷、卫生间废纸、烟蒂、一次性餐具等不能再利用的垃圾。这些垃圾需要分类投放到对应的可回收物垃圾桶和其他垃圾桶中。

2. 厨房垃圾的收集和处理

（1）不要将湿垃圾与干垃圾混放

干垃圾和湿垃圾混放会影响分解效果。

（2）食材残渣应该直接倒入厨余垃圾桶

食材残渣应避免放置时间过久。

（3）要定期清洗厨余垃圾桶

避免滋生细菌。

第二节 厨房用具样样看

一、冰箱使用注意事项

家用冰箱是每个家庭都不可或缺的家用电器，其使用非常有讲究。

冰箱摆放有学问

冰箱冷藏室上层的温度最为稳定，剩饭剩菜、豆浆等食物容易滋生细菌，建议放到冷藏室上层靠近后壁处。冰箱冷藏室下层靠近后壁处是冷藏室里最冷的地方，适合存放没有烹熟但需要低温保存的食品。冷藏室冰箱门附近是冰箱里最“温暖”的部分，适合放一些在室温下也能暂存，不容易坏或马上就要吃掉的食品。

（1）生熟分开

生熟分开，分类存放，就是为了避免交叉污染，也避免食物互相影响而串味。一般来说，熟的食物和直接入口的食物要放在冷藏室上面两层，比如剩饭剩菜、酸奶、牛奶、熟食等；生的食物要放在下面两层，比如生蔬菜、生豆腐等。剩饭剩菜尽量裹上保鲜膜，或者放在有盖的保鲜盒里。推荐使用方形的保鲜盒，因为这样可以最有效地利用冷藏室内的容积。冰箱不能起到杀菌作用，只是抑制微生物生长，因此剩菜放冰箱里不宜超过 24 小时。

（2）定时清洁

每年至少清洁两次冰箱，冰箱内部和外部都要清洁。冰箱门的密封条上容易积存污垢和细菌。清洗时最好用酒精浸过的干布擦拭密封条，既可防止门上的细菌进入冰箱内部，又能延长密封条的使用寿命。用冰箱专用消毒剂对冰箱滴水槽、隔板槽等的死角进行喷洒消毒。

二、铁锅选择注意要点

铁锅是日常生活中最常用的厨房用具之一。但如果铁锅严重生锈且无法在做菜前被清理干净，人体摄入过多的氧化铁会对健康产生不良影响，因此严重生锈、掉黑渣、起黑皮的铁锅都不宜再使用。做饭后必须洗净锅内壁并擦干，避免生锈。尽量不要用铁锅煮汤，以免铁锅表面保护其不生锈的

食油层消失。

另外，挑选铁锅时有以下五点要注意。

（1）看锅内外表面是否光滑

锅面虽然不要求“均滑如镜”，但也要尽可能光滑。

（2）看锅内表面是否有疵点

在内表面有瑕疵的锅，建议不要选，即使购买了也要用砂轮磨去凸起的铁块，以免影响使用。

（3）看锅底面积

锅底是接触火源的地方，选购时最好选锅底小的，因为面积小，传热快，容易煮熟食物。

（4）看锅的厚薄

锅有厚薄之分，以薄为好。有的铁锅一边厚一边薄，建议不要选购。

（5）听敲打锅时的声音

购买时用硬物轻轻地敲一下锅，听到清脆的声音再购买。正常情况下，声音越响，振动幅度越大的铁锅质量越好。

三、不粘锅及其使用注意事项

不粘锅，即炒菜做饭不会粘锅底的锅，是因为其锅底采用了不粘涂层，常见的不粘涂层有特氟龙涂层和陶瓷涂层。特氟龙，化学名称为聚四氟乙烯，本身化学性质非常稳定。而让人们对不粘锅的安全性提出疑问的是在特氟龙生产过程

中会使用的另一种化学成分，叫作全氟辛酸。全氟辛酸目前已经被多国禁用，不粘锅里几乎不再含有全氟辛酸。目前市面上销售的不粘锅主要是陶瓷类和特氟龙类不粘锅。特氟龙类不粘锅的市场占有率在 90% 以上。陶瓷不粘锅的主要成分是二氧化硅。二氧化硅属于天然的无机产品，用于锅具内壁的制造，该材料的颗粒细软程度可达到纳米级，不会产生有毒物质。但陶瓷不粘涂料制作技术尚不成熟，市面上产品的质量良莠不齐。

无论选择哪种不粘锅，使用时都要注意：洗锅的时候不能拿钢丝球刷，否则将会破坏涂层，不粘锅会变成粘粘锅；我们平时炒菜讲究热锅凉油，不粘锅需要冷锅冷油，不要干烧；不能长时间煎炸，因为不粘锅在高温条件下可能会发生化学反应，产生有害成分。

四、洗碗机选购有讲究

科技发展的结果就是机器操作代替手工操作，就连洗碗都可以用洗碗机来完成。那么它的洗碗效果怎么样？有什么好处和问题？

1. 使用洗碗机的好处主要有以下三点

一是洗碗机是集洗碗、消毒、烘干、存储四功能于一体的厨房家电，可以彻底解放双手，不用把时间耗费在洗碗上。二是节省用水量。据研究发现，当需要洗涤的餐具数量达到一定量时，使用洗碗机的用水量仅为手动清洗用水量的50%。三是洗碗机清洗的餐具更干净。通过高温高压下的冲刷，餐具用洗碗机清洗比手洗更干净。

2. 使用洗碗机的两个问题

一是洗涤时间相对较长，如果加上烘干和消毒，完成整个过程差不多要花一个小时的时间，不能满足急用的需求。二是洗碗机洗碗需要专用的洗涤剂，它比普通的洗洁精贵很多。

3. 选购洗碗机时主要考虑以下五个要素

（1）容量

洗碗机的容量是选择时需要考虑的重要因素。洗碗机的容量一般以套为单位，一套有多个餐具。常见的容量有 12 套和 16 套。应根据家庭的人数和使用频率选择适合的容量。

（2）清洗效果

清洗效果是衡量洗碗机性能好坏的重要指标之一。选择时可以查看产品的清洗效果等级和用户评价，尽可能选择清洗效果好的产品。

（3）节能节水

节能节水是选择洗碗机时需要考虑的另一个重要因素。可以选择带有节能节水功能的产品，这样不仅可以节省资源，也可以降低使用成本。

（4）噪声

噪声是影响洗碗机使用体验的一个因素。可以选择噪声较小的产品，尽可能减少对家庭成员的影响。

（5）品牌和售后服务

可以选择知名品牌和能提供良好售后服务的商家，这样可以更好地保障产品的质量和使用体验。

五、陶瓷餐具的选择要点

1. 陶瓷餐具的制作方法

分为釉上彩、釉中彩、釉下彩三种。

（1）釉上彩

釉上彩陶瓷的制作是用颜料制成花纸贴在釉面上或直接用颜料在产品表面绘上纹饰，再经低温烤烧而制成。由于烤烧温度达不到釉层熔融所需要的温度，所以颜料不能沉入釉中。用手触摸釉上彩陶瓷，感觉花面有明显的凹凸感。

（2）釉中彩

制作釉中彩陶瓷的烤烧温度可让釉料熔融，颜料可沉入釉中，冷却后被釉层覆盖，制品表面平滑，用手触摸无明显凹凸感。

（3）釉下彩

釉下彩陶瓷全部彩饰的绘制在瓷坯上进行，施釉后经高温烤烧一次制成，纹饰被釉层覆盖，看上去光亮、平整，手感光滑。

2. 如何挑选质量好的陶瓷餐具

要挑到质量好又对健康无害的陶瓷餐具，要做到一看、二听、三试。

看：把陶瓷餐具上下、内外细细观察一遍。一看瓷器釉面是否光洁润滑，有无擦伤、小孔、黑点和气泡；二看形状是否规整，有无变形；三看画面有无缺损；四看放置时底部是否平稳，有无毛刺。

听：听轻轻弹叩陶瓷餐具时发出的声音。如声音清脆、悦耳，则说明陶瓷餐具细致密实、无裂损，在高温烧制时瓷化完全；如声音喑哑，就可断定瓷胎有裂损或者瓷化不完全，这类陶瓷餐具遇冷热变化易开裂。

试：有的陶瓷餐具带盖子，有的由几个配件组合而成。在挑选陶瓷餐具时，要将盖子试盖一下，看看是否匹配，是否属于同一套瓷器。

六、燃气灶使用注意事项

燃气灶是我们每天烹饪美食的重要厨具，并且使用频率很高。对于质量差的燃气灶而言，一是燃气燃烧不充分，浪费能源；二是容易发生燃气泄漏，引发一氧化碳中毒事故。燃气灶的选购和使用要注意以下几项。

（1）查看铭牌

选择时要查看燃气灶铭牌，要购买有厂家铭牌信息的燃气灶。按照燃气灶的使用说明书使用燃气灶，当灶具使用时间超过八年使用期限后要及时进行更换。

（2）及时照看

使用燃气时，应该有人照看，随时注意燃烧情况，按实际需要调节火焰大小。建议购买具有自动熄火保护装置的燃气灶。如发现熄火，要立即关闭开关，打开门窗通风，待没有燃气味时，查明熄火原因，并在妥善处理后再重新点火。

（3）日常查看

在停止使用燃气灶时或者临睡前，应检查燃气灶开关是否全部关闭，将燃气表上的总阀门关闭，开启厨房的窗户，关好厨房的门则更为安全。

（4）定期检查

燃气灶与管道之间的连接方式如采用胶管连接，要经常检查胶管是否损坏、老化，是否存在漏气现象。方法是用皂液涂抹，连续出气泡处即为漏气点；燃气软管弯曲半径应大于 5 厘米，否则弯曲处易老化开裂。软管的使用寿命一般为 18 个月，老化的应及时更换。

除上述内容外，家庭的燃气管线和燃气表不允许私自拆装或迁移，装修改装时要请燃气公司的专业人员帮忙处理，也可以在厨房安装燃气泄漏报警装置。

七、注意微波炉的使用安全问题

微波是高频无线电波，与可见光一样，是电磁频谱的一部分。微波炉加热是通过物料吸收微波能，即物料中性分子与微波电磁场相互作用的结果。自然界中的微波分散不集中，无法加热食物，而微波炉利用磁控管将电能转变成微波。当食物吸收微波，食物中的极性分子就能快速振荡，达到加热的目的。微波炉是家庭中最常见的小家电之一，如果能按照使用说明书规范操作，还是很安全、方便的。不过有几个方面还需要我们加以注意，并采取一些预防措施，最大限度地降低使用风险。

（1）检查微波辐射安全

正常运转的微波炉所产生的辐射水平远低于国家标准的水平，使用起来是相对安全的，但不排除在损坏了的或改装的微波炉周围出现辐射泄漏。所以使用前要确保微波炉处于良好状态之中，检查微波炉门是否正确关闭，以及安装在微波炉门上的安全联锁装置是否正常工作。此外，微波炉门密封件应保持清洁，密封件或微波炉外壳上不应有明显损坏迹象。

（2）注意微波加热安全

处理在微波炉中加热过的高温物品可能会导致烫伤，就像处理传统烤箱制作的食品一样。微波烹饪的一个特点是其与特定食物的热响应有关。某些表面无孔的食物，或由加热速率不同的材质组成的食物（如蛋黄和蛋清），加热不均匀时可能会发生爆炸。所以我们不要将带壳的鸡蛋、栗子、带密封包装的食物直接放在微波炉中加热，以防出现这种情形。此外，应叮嘱孩童不要长时间近距离盯着正在运转的微波炉，非电离辐射的热效应也可能会对眼睛造成影响，容易引起眼干、眼涩等不良症状。

（3）注意微波加热食品安全

微波加热速度的快慢取决于其额定功率以及被加热食物的密度大小、含水量和数量的多少。微波能量不能很好地渗透到大块的食物中，这就可能导致微波烹饪不均匀。如果食物的某些部分没有被充分加热，就可能引发食源性疾病。所以在使用微波炉时，建议将食物切分成较小的块，或者延长微波加热时间，从而保证较好的加热效果。

八、壁挂炉使用的安全事项

壁挂炉是“燃气壁挂炉”的简称，它具有供暖功能，也可以提供家庭洗浴所需的热水。随着壁挂炉生产技术的不断进步，正规燃气壁挂炉本身的安全使用措施已较为完善，且具备防冻、防干烧、防意外熄火、防温度过高等多种保护功能。但因燃气壁挂炉热源和构造的特殊性，用户还须注意一些安全事项，避免可能的风险发生，同时也能更好地享受壁挂炉带来的舒适与便利。

1. 防火

使用壁挂炉时，最大的威胁来自火灾隐患。尽管没有明火、可燃油和气体，也没有木材等易点燃材料，但使用壁挂炉仍存在火灾发生的风险。首先，要保证壁挂炉与周边电器

之间有合理的距离，并尽量远离可燃物品，如含酒精的饮料、油漆稀释剂、油腻的抹布、报纸杂志、打火机等。此外，还应确保电源工作正常。工作中的插座、插头以及熔断的保险丝可能会过热并引发火灾。应格外小心暴露的电线和插头、过载的插座、适配器和延长线，它们容易引起火花。壁挂炉日常使用完毕后，应及时关闭开关，确保用气安全；若长时间离家，则应关闭燃气表前阀门，以免发生燃气泄漏。

2. 防冻

冬季使用壁挂炉，必须对其采取防冻措施，使其保持供电且燃气充足，以避免暖气系统和壁挂炉的水泵、换热器等部件被冻坏。除此之外，还应定期检查壁挂炉的水压及工作状态，确保不发生风险。

3. 防老化

使用时间偏长、缺乏定期检修保养，是影响壁挂炉稳定运行的两个主要原因，所以在日常使用过程中应定期保养、及时换新。长时间使用壁挂炉，高温燃烧产生的积炭、空气带入的灰尘便会在机体中积存，影响燃气壁挂炉的换热及机械运转部件的工作，增加故障率。定期保养、清洗壁挂炉则可以减少此类情况的发生。此外，在使用过程中若发现壁挂炉有性能持续下降、故障频发的情况，建议及时换新。若继续使用，不仅成本会显著上升，安全隐患也较大。

4. 保持烟管通畅

保证吸气、排气通畅是壁挂炉安全使用的重要因素之一。壁挂炉一般都使用双芯管，外管吸入新鲜空气，内管排出废气。烟管的吸气、排气口必须伸出窗外，不能把它封闭在室内或者使用单芯管。否则壁挂炉在燃烧时容易把排出的废气吸回，造成燃烧时供氧不足，导致点不着火或者机器频繁启动等情况，从而引发安全隐患。

5. 避免频繁开关机

在您短暂出门时，无需关闭壁挂炉，可以把温度调到最低档，这比直接关掉更节能。如直接关掉的话，下次再使用时，室温跟设定温度差太多，就需要大功率运行，反而造成浪费，同时还有锅炉或者暖气片被冻坏的风险。

壁挂炉的安全使用事项涉及多个方面，需要用户在使用过程中注意细节并采取相应的措施来确保安全。为了保障用

户的安全和利益，建议用户在选择壁挂炉时应选择正规品牌和厂家生产的产品，并咨询专业人员进行安装和检查。在使用过程中，用户应严格遵守安全操作规程，并定期进行维护和保养。如遇到异常情况或安全问题时，应及时联系专业人员进行处理。

第三章

卫生间与健康

第一节 环境布置要留心

一、保持通风很关键

卫生间是我们居室的重要组成部分。但是常常会有人抱怨卫生间里闷热、潮湿和有异味。如何解决这些问题呢？大家首先想到的一定是通风。卫生间通风的重要性如何和怎样有效通风的答案都会在本节内容中找到。

1. 卫生间通风的重要性

卫生间和浴室常常组合在一起，一般卫生间区域是干区，浴室区域是湿区。适当的通风不仅能减少水蒸气在卫生间吊顶上和管道表面的冷凝，而且有助于减少真菌的滋生。卫生间的真菌主要滋生于地砖与墙砖的接缝处、马桶与地面的连接处，会产生异味，并对使用者的健康造成影响。此外，适当的通风也可以减缓卫生间里淋浴器、挂件、水龙头等金属器件的腐蚀。

2. 如何有效通风

卫生间的通风方式主要有三种。第一种是自然通风。选

择这种方式无须安装通风设备，是利用开门、开窗通风，也是最常见、有效的通风方式。使用这种方式可以将卫生间内的湿空气排出，引入室外新鲜空气，节能又便捷。如果卫生间内没有窗户，则可以考虑使用第二种方式，即利用排气扇排风。这种机械通风方式主要目的是改变空气从卫生间排出的方向。使用这种方式不仅能促进室内空气流通，还能保持如厕人嗅觉方面的舒适。选择和安装排气扇时，需要考虑排气扇的位置、功率等因素，以达到最好的通风效果。除了排气扇外，还可以放置除湿器，用以去除卫生间内空气中的水分，从而降低环境的湿度。

二、正确清洁与保养洗手盆

用过厕所之后要洗手，是连小朋友都知道的常识。该如何使用和保养洗手盆呢？让我们来一探究竟。

1. 洗手盆的清洁

在洗手盆旁边准备一块海绵或软布，定期清洁洗手盆表面，以防止肥皂渣堆积。同时也可以准备一把旧牙刷或小的软毛刷来擦洗水龙头和排水管。不要直接使用漂白剂或酸性化学物质清洁洗手盆，会损坏甚至腐蚀洗手盆的表面。这里告诉大家一个小窍门：用半杯硼砂粉和半杯柠檬汁可以很有效地去除污渍。这种混合物对搪瓷、不锈钢或其他材料制成的所有水槽都有效。如果想去除水龙头上的白点，可以用纸

巾蘸白醋，用它包住水龙头静待10分钟，然后用干纸巾擦拭。切勿使用金属或金属丝洗涤器清洁所有类型的洗手盆，因为会在洗手盆表面留下难以去除的划痕。

2. 洗手盆的保养

在日常生活中，我们应该定期检查、保养洗手盆，以确认其管道是否有泄漏情况发生或有损坏。如有任何问题，应及时进行修理或更换部件，以防止因漏水或任何永久污渍污染而造成其他损坏。此外，要注意不要使咖啡、葡萄酒或其他易染色的物质长时间留在洗手盆中。每天及时清理污垢，防止堆积，但要避免使用任何刺激性化学物质来清洁。最后，注意要防止水池的各个角落积水，尤其是那些设计成平面的部位，从而抑制微生物的生长。

三、异味从哪里来

卫生间的排水管一天要承受不少压力，来自牙膏、肥皂、漱口水、排泄物的冲排。由于排水管中环境潮湿并存在各种类型的污染物，下水道会产生奇怪的气味。所以很多人都会出现这样的困惑：为什么不管卫生间打扫得如何干净，还是偶尔会产生一股若有若无的臭味？特别是到了夏天，这样的情况更容易发生。那究竟是什么原因呢？

1. 水槽下水口没被密封，水管没有做存水弯

洗手池水槽下面的下水口没有做密封处理，或者密封不严实是卫生间异味产生的原因之一。并且，水管还应有存水弯，安装存水弯的目的就是利用其 U 形弧度形成管内的一段密封式积水，而这段积水巧妙地隔离了排水管内的臭味。

2. 没有选择合适的地漏

地漏是个不起眼的小东西，但是对于消除臭味却功不可没，房屋装修时绝不可图省事不装地漏。如果异味来自地漏，那在很大程度上是地漏本身的结构存在问题造成的。其储水弯深度不够时，气味就会往上返。一个合格的地漏除了能够迅速排水，还能防虫、防臭、防堵塞。U 形水封式地漏具有较好的防臭效果，但如果存水弯干涸了，那地漏就成了异味畅通无阻的通道。所以可以选择升级版的 T 形深水弯地漏，它的密封是通过重力、弹簧、磁贴等机械装置发生作用来实现的，防臭的同时还能阻挡小飞虫。

3. 马桶不防臭

除了排水管，卫生间的异味来源也可能是马桶。根据马桶构造来分析，直冲式马桶的防臭功能比虹吸式马桶的差。此外，如果马桶的法兰圈质量不好或者出现了松动，那么排泄物就不能全部流入下水管道中，可能会从侧面漏出。这样也就成为异味产生的源头之一。此时，更换法兰圈，并用玻璃胶给马桶封边，是消除异味的正确方法。

4. 排风扇出现问题

排风扇上的止逆阀是用来阻挡风道里的空气回流的。如果风道里没有安装止逆阀，或是止逆阀出现问题，则有可能导致臭味返回到卫生间里。

四、防滑细节考虑不能少

家庭中的滑倒事故大多数都发生在浴室里。浴室地面光滑、潮湿，是导致滑倒的主要原因之一。不过通过采取一些预防措施，可以大大降低在浴室滑倒的风险。

1. 保持卫生间干燥、清洁

在卫生间洗漱、洗澡，都会导致地板潮湿，尤其是使用沐浴露、洗发水等产品，会使地面变得非常光滑。所以及时冲洗地板非常重要，并且还应在浴室里准备一个拖把，及时擦拭瓷砖上的水，并打开排风扇，加速空气流动，使地面尽快干燥。

2. 在卫生间里安装扶手

居室中如果有老人或行动不便者，那么在卫生间里安装扶手至关重要。它能为进出卫生间的人提供足够的支撑，帮助其保持平衡。安装位置最好选择在湿滑、易于出现危险的地方，例如马桶侧面、浴位正侧面、浴缸旁等。

3. 使用防滑产品

卫生间的使用性质所致，不可能不把卫生间里弄湿，所以装修时尽量选择摩擦力较大的地砖。淋浴间里和洗手盆前也可以铺上防滑地垫，以防止意外的发生。

4. 保证浴室里有足够的照明

灯光昏暗，有可能看不清湿滑的地板，或是误放的障碍物，这会大大提高滑倒和绊倒的概率。所以卫生间里应安装有足够照度的照明设备，确保视线清晰。

5. 选择合适的拖鞋

有些鞋是不适合在浴室里穿的，如高跟鞋、橡胶底运动鞋等，而选择舒适、底部防滑的拖鞋能降低滑倒受伤的风险。

五、不当“厕霸”防痔疮

我们常说的痔疮从外观上看只是出现在肛门外的突出的组织，但从病理学的角度来说，痔疮其实是静脉曲张，是发生在直肠黏膜下和肛门皮肤下的静脉曲张瘀血形成的静脉团块。发病和患者的职业、生活习惯有很大关系，例如长时间蹲厕看书、刷手机，就是最易使人得痔疮的原因之一。

久蹲厕所还会引发血栓风险。因为过久采用这种姿势会导致下肢血液循环不畅，容易出现静脉曲张，甚至形成血栓。尤其是对于老年人，长时间蹲厕所，血液淤滞在下肢里，会出现下肢麻木、脑部供血不足，突然站立时会引发体位性低血压，头晕、眼前发黑、冒金星，甚至出现摔倒、摔伤等意外情况。另外，久蹲厕所，膝盖和踝关节压力较高，容易出现膝关节、踝关节疼痛，严重时会导致骨关节炎的加重。对于女性来说，久蹲厕所还可能会导致盆底肌松弛。

综上所述，“厕霸”当不得，养成良好的排便习惯非常重要，建议每次蹲厕所不超过 10 分钟。

六、根据需求选择马桶

中国马桶的出现可以追溯到汉朝，它的前身叫作“虎子”，到了唐朝改为“兽子”或“马子”，再往后俗称“马桶”。随着时代的发展，马桶在不断更新换代，蕴含了越来越多的科技，变得越来越智能化。

马桶选得好，舒适又卫生；马桶选不对，烦恼生成堆。想要选到合适的马桶，首先要清楚它的分类。从马桶的外观和结构方面划分，马桶可分为一体式、分体式和挂墙式。其中，一体式安装简单，款式多样，噪声和体积较小，便于清洁，卫生间小的家庭可以优选此类马桶。分体式马桶水箱和底座之间有接缝，容易沾染污垢，不便打理。这类马桶水位较高，冲力大，噪声也大，喜欢环境安静的家庭要仔细考虑是否选择它。还有一类是挂墙式马桶，这种马桶底部不与地面接触，容易清洁。它的水箱隐藏在墙壁里，空间利用更加灵活。但由于水箱是嵌入式的，对质量要求非常高，价格相对贵一点。除了以上类型的马桶外，选择具备清洁与暖风烘干功能的智能马桶已经成为新趋势。

七、合理安装电热水器

利用电热元件将电能转化成热能制备热水的设备称为电热水器。它是与燃气热水器、太阳能热水器并列的三大热水器之一。然而日常生活中，因为安装不慎，造成各种电热水器安全事故的事情时有发生，所以让我们一起来了解一下安全安装电热水器所必须遵循的原则。

1. 装在通风处、承重墙上

电热水器应安装在承重墙上，并在下方加装支架支撑，防止机器掉落。另外，还应注意需安装在通风干燥的位置，

周围无腐蚀性物质，避免与水和阳光直接接触。电热水器下方最好有地漏，便于排水排污。

2. 安装过滤网

即热式电热水器需在进水口处安装过滤网，原因是水里有少许杂物，过滤后可以避免卡住浮磁而出现干烧、不加热的情况，或者堵塞花洒导致出水量越来越小。滤网也需要定期清理，否则时间长了，滤网堵塞后会使流量降低、出水量变小。

3. 检查浮磁位置

在安装热水器时应检查浮磁是不是处于下端，处于自由流动状态之中。浮磁就是水电联动开关，打开水阀自动加热、关水停止加热。

4. 节制水流量

选择即热式电热水器，应使用随产品配的专用花洒。热水器正常工作时，能调节水流量或加高级位升高水温。而大家没有节制水龙头水流量的习惯，导致水温常常达不到预期的效果。

5. 安装后检查

热水器安装完毕后，应检查以下几项内容：①管路连接、走向是否合理，确保各连接处无渗漏水现象；② 电气配置是否安全、正确，热水器的电源插头与插座是否连接紧密；③ 机械连接是否牢固、可靠；④ 功能发挥是否可顺利实现，弧形控制部件是否正常运行。

八、这样安装、使用地漏更有效

地漏是连接排水管道系统与室内地面的重要接口。作为住宅中排水系统的重要部件，它的性能好坏直接影响居室内的空气质量好坏，尤其对于卫生间内异味的控制起到了不可忽视的作用。此外，有研究发现，在高层建筑中，由于卫生间地漏连接部位气密性差，排水管道通风口堵塞会导致厕所冲水时污水管道压力产生波动，排水管道中的致病微生物会通过地漏进入卫生间导致疾病的传播。那么家里安装什么样的地漏，如何使用地漏才更安全、更卫生呢？

常见的地漏有两种，T 形地漏和 U 形水封式地漏。一般

卫生间、阳台、厨房中都会用到地漏，不同的空间条件下适合使用不同类型的地漏。U 形地漏是需要用水密封的，所以建议在用水频繁的地方使用，比如卫生间淋浴区，可以起到很好的密封作用，不过要注意保证水封高度大于 50 毫米，小于 100 毫米。 这样既增加了水封面以下范围的存水容积，也能确保排水通畅。而 T 形地漏是由本身机械控制密封的，不需要用水，相对来说适用于不常用水的地方，比如卫生间干区或者厨房，也能起到较好的防臭作用。阳台上如果放置了洗衣机，地漏最好是固定的，这种情况可以选择两用式地漏。

在呼吸道传染病高发季节，我们要注意，如家中使用 U 形地漏，为了防止发生干涸，保证封堵可靠，应及时向地漏补水，每次 350 毫升。这样既能防止地漏返味，又可以有效减少排水管道中的致病性微生物通过地漏传播的可能性。

九、淋浴器如何使用更科学

夏季烈日炎炎，回到家冲个温水澡真是再舒服不过了。然而大家有没有想过，在某些情形下，淋浴可能损害我们的健康？

这是因为淋浴喷头中末端水很容易成为病菌滋生的温床。在日常生活中，我们在使用淋浴器的时候，应该注意以下几点。

（1）注意使用花洒时的温度

花洒的使用环境温度不要超过70℃。因为高温和紫外光会加快花洒的老化，缩短其使用寿命。

（2）花洒的安装根据浴室结构进行

尽量远离浴霸等电器热源，尤其不能装在浴霸正下方，与浴霸的距离应在60厘米以上。

（3）对花洒以正确的方式勤加保养

如果使用的是金属花洒，可以经常用软布蘸少许面粉擦拭花洒的电镀表面，然后用清水冲洗。只有勤加保养才能延长它的使用寿命。如发现花洒出水量减少或热水器熄火等情况，可拧下花洒出水口处的筛网罩，清除里面的杂质。另外，可以每隔几个月或半年，用白醋对花洒表面及内部进行清洗或浸泡4~6个小时，然后用棉抹布擦拭花洒的出水口，目的是清除长期留在花洒出水孔上的水垢。

（4）注意花洒结构的状态

应使花洒的金属软管保持自然舒展状态，不用时避免将其盘绕在龙头上。注意软管与阀体的接头处不能形成死角，以免折断或损伤软管。

第二节 卫生间用品使用注意事项

一、清洁剂和消毒剂的选择

卫生间是居室里必不可少的组成部分，也是比较难清理的区域。如何对卫生间进行高效的清洁与消毒是一个让人头痛的问题。下面我们就学习一下吧！

1. 清洁剂

常见的清洁剂有三类，即酸性清洁剂、中性清洁剂与碱性清洁剂。酸性清洁剂有一定的杀菌除臭功能，而且能中和尿碱，可以快速清洁浴缸、马桶、瓷砖、洗手池等物体上的顽固污渍，所以它是卫生间最常用到的清洁剂。中性清洁剂配方相对温和，一般不会腐蚀和损伤物品，其主要功能是除污保洁。碱性清洁剂不仅含有纯碱（碳酸钠），而且含有大量的其他化合物，对于清除一些油脂类污垢和一些酸性污垢有较好效果。需要注意的是，对于强酸、强碱类的清洁剂，应先进行稀释处理，然后尽量装在喷壶内使用。

2. 消毒剂

市面上最常见的家用消毒剂主要有 75% 酒精、84 消毒液和洁厕灵。其中，酒精是一种挥发性易燃物，密闭空间内的酒精蒸气浓度过高极易引发火灾和爆炸。因此，选择 75%

酒精一定要在空气流通好的空间使用，切记在消毒的过程中不要靠近明火和电火花，以免引发爆燃。如果酒精不慎入眼，需立刻用清水冲洗，并根据情况及时就医。

84 消毒液的主要成分次氯酸钠是一种强氧化剂，使用时应保持空气流通，并佩戴好防护手套和口罩，避免其与皮肤直接接触，如不慎误入眼中，切忌搓揉，需立刻用大量清水冲洗并迅速就医。次氯酸钠在高温时容易分解，导致杀菌消毒效果降低，因此最好在室温下使用，避免在高温环境中使用。

洁厕灵的主要成分是强腐蚀性的盐酸，所以使用时要采取与使用 84 消毒液相同的防护措施。84 消毒液和洁厕灵都常用于卫生间，但是绝不可混用。两者混合时会发生化学反

应生成氯气。氯气是一种有刺激性气味的气体，对眼睛和呼吸道黏膜有强烈的刺激性。

二、洗手液和肥皂哪个更好

勤洗手是保持个人健康的良好习惯，无论是在家里还是在公共场所，洗手液越来越常见，但也有很多人会选择使用香皂。到底用哪种洗手更好呢？

其实种类不是关键，适合才是最重要的。比如，在公共场所，用洗手液就更合适一些。第一，洗手液使用更加方便。相对来说，肥皂、香皂等固体较滑，体积也较大，尤其不利于幼儿使用。洗手液通常有按压装置，便于拿取。第二，香

皂比洗手液更易滋生细菌。香皂一般放置于对外暴露的器物中，在使用过程中，手上的细菌会留在香皂上，而且香皂处于潮湿的环境中，更容易滋生细菌。洗手液本身置于容器内部，不容易被手上和环境中的细菌污染。所以从避免细菌滋生和交叉感染的角度来说，选择洗手液要优于选择香皂。

另外，很多人对洗手有一个误区，认为洗手液或肥皂擦得越多，洗得越干净。事实上，这样的深度清洁会损伤皮肤，不但使皮肤留不住水分，更容易让病菌侵入。当然，相比“用什么洗手”，掌握正确的洗手方法、养成勤洗手的习惯才是预防疾病的关键。

三、谨防浴霸伤眼睛

浴霸的灯泡就是大功率的白炽灯。电流通过钨丝发热，升温到白炽状态而发光。浴霸发出人眼可见的光只占很小比例，它主要发出是人眼不可见的红外线。红外线照射到皮肤上被皮肤吸收，就会使人感觉到温暖。

浴霸灯光的能量和强度都特别高，红外光的穿透力比较强，长时间使用或者盯着浴霸的灯光，会使强光进入眼睛，反射聚焦在眼球上，进而灼烧视网膜黄斑，这跟肉眼直接看日食而被灼烧同理。因此，使用浴霸时要注意眼部不适的问题，尤其是儿童。家长在给孩子洗澡时打开浴霸，孩子有时出于好奇心，会一直盯着浴霸看。儿童的角膜和结膜表层都

比较脆弱，无法有效过滤浴霸中所含的蓝光。这种蓝光能穿过角膜和晶状体，进而接触到视网膜，损伤视觉细胞，严重的会对儿童视力造成永久性伤害，甚至会失明。

因此，在使用时要注意避免浴霸强光带来的伤害。

一是选择合格产品。购买浴霸时，应选择正规品牌、质量可靠的产品，确保辐射强度、光线均匀度等指标符合国家标准。

二是控制使用时间。避免长时间使用浴霸，特别是在洗澡时，应控制浴霸的使用时间，以减轻对眼睛的刺激。也可以在洗澡前打开浴霸，将浴室温度预热到一定程度后关闭浴霸，再进去洗澡。

三是保持适当距离。在使用浴霸时，应保持适当的距离，避免眼睛直接接触到浴霸的光线。

四是增强防护意识。家庭成员应增强对浴霸使用安全的认识，了解浴霸对眼睛的伤害，并采取相应的防护措施。

四、谨慎存放家用化学品

卫生间是家中使用频率极高的空间，存放的化学品如清洁剂、消毒剂等若管理不当，可能会带来安全隐患。因此，谨慎存放这些家用化学品至关重要。

首先，要选择适当的存储位置。家用化学品应存放在干燥、通风良好且儿童无法触及的地方。同时，要确保存储区

域远离热源，以降低火灾风险。

其次，要将家用化学品分类存放。不同种类的家用化学品可能会发生化学反应，产生有毒或易燃的气体。因此，应将氧化剂、腐蚀品等分开存放。对于易挥发的家用化学品，要确保其容器密封良好，以减少空气污染和健康危害。

最后，要定期检查家用化学品的存储情况。确保容器没有泄漏、变形或损坏，如有异常应及时处理。同时，要关注家用化学品的保质期，避免使用过期产品。对于不再需要的家用化学品，应按照相关法规进行安全处理，以保护环境和人类健康。

第四章

卧室与健康

一、保持通风，被褥常晾晒

起居用品包括被褥、被套、床单、床罩、床笠、枕套、枕芯、毯子、凉席和蚊帐等。被褥与人的体表接触时间较长，长时间使用的被褥也容易对人体产生一定健康危害。一是据科学家的研究计算，每人每天要从皮肤分泌出约 1000 毫升的汗水，每周也要从皮肤分泌出 40 ~ 60 克的油脂类物质。这些汗水和油脂在晚上睡觉时，往往会沾到被褥上，时间长了，被褥会变得潮湿，长期使用会对身体健康产生不利的影响。二是被褥较容易滋生细菌和微生物，同时借助人体分泌的汗水及油脂繁殖。人们在睡觉时穿的衣服较少，被褥上的细菌和螨虫也较容易侵入到身体当中，造成不同程度的危害。而日光中的紫外线具有强烈的杀菌消毒作用，可以消灭大部分细菌和螨虫，同时日光曝晒也可以避免被褥潮湿和发霉，减少不适症状的发生，另外也可以使被褥变得更加蓬松柔软，增加人体舒适感。因此，被褥要经常晾晒。

被褥的制作材料不同，晾晒方式也有细微的不同。棉花被上很容易寄生螨虫和受潮，最好一周晾晒一次，每次 3~4

小时，在晾晒过程中可以定期将棉被翻面放置。羽绒被吸湿后会结块、变质，需要经常拿到通风处晾晒，正常情况下一个月晾晒一次，晾晒1~2小时即可。需要注意的是，羽绒被无法承受烈日暴晒，最好在阳光稍微减弱的情况下晾晒。合成纤维或羊毛被也不能长时间晾晒，以免羊毛中的油分起变化，出现腐臭味，通常在通风处晾晒1小时左右即可。蚕丝被每周可晾晒一次，每次30分钟。蚕丝被同样不宜在阳光强烈时暴晒，因为暴晒可能会使其中的蚕丝蛋白分解。另外被子晒好后切忌拍打。棉花材质的被子，棉纤维粗而短，易断裂，用力拍打会使棉纤维变成棉絮跑出来；合成纤维材质的被子，纤维一般细长，容易变形，拍打后纤维一旦缩紧，会被分成小块，且不容易还原；羽绒材质的被子被拍打后，羽绒会断裂成细小的羽絮，导致被子保暖性变差。此外，被子经拍打后，表面的粉尘及螨虫的排泄物就会飞扬起来，很容易引起过敏反应。因此晒好的被子只需要轻扫去掉表面浮尘就可以了。

同时要注意开窗通风、保持室内通风干燥，经常清洁除尘，以保证有一个健康的室内环境。

二、床上用品怎么选

床上用品要购买经过检验、符合相应标准的产品，一般

床上用品吊牌或外包装上会标示相应的产品标准。要查看产品的吊牌或水洗标上是否标有明确的厂名、厂址、规格型号、产品标准、纤维含量、维护方法、安全类别等信息。打开外包装，检查产品上是否有影响外观的表面疵点，查看产品的花形、图案是否完整、一致，同时还要查看缝迹是否齐顺，是否存在起皱现象，闻一下产品是否有刺激性气味。

想要选择柔软的床上用品，重点看支数。支数也叫英支，常用 S 表示，是纺织专业的术语，用来表示纱线细度。支数的数字越大，代表纱线越细，摸起来越柔软舒适。目前常见的支数有 32S、40S、60S、80S、100S。购买普通家用的床上用品，通常选 60S 和 80S 的，这个细度的纺织品摸起来柔软顺滑，基本可以满足日常睡眠要求。

床上用品的面料也非常重要。一般纯棉面料是首选，而其中的长绒棉又是热门材料之一。标准级的长绒棉纤维长度要达到 36 毫米，由其制作出的床上用品亲肤、不易掉毛、不易缩水且舒适度较高。其他可选的材料还包括莫代尔、莱赛尔面料等。这两种面料都属于化学纤维制品，经过人工调整，也具备柔软亲肤、吸湿性好等优点。

此外，床上用品的印花方式也会对人体健康产生重要影响。目前市面上使用较多的印花方式是活性印花和涂料印花两种。尽量不选择涂料印花，涂料印花存在的问题是涂料无法和面料纤维紧密结合，容易掉色。同时，在涂料印花的过程中会大量使用黏合剂，黏合剂在人们日常使用过程中会逐

渐释放出甲醛，危及使用者的健康。

三、谨防化纤衣物伤身体

化纤是“化学纤维”的简称，是以天然的或人工合成的高分子化合物为原料，经过制备纺丝原液、纺丝和后处理等工序制得的具有纺织性能的纤维。化纤类衣物是以纤维为原料形成的织物面料制成的衣物，具有结实耐用、易打理、弹性高、有抗菌性等特点。

但频繁穿戴化纤材料的衣服对于人体也会产生一定的危害。一是化纤织物会产生静电作用，其中，棉纶、氨纶所产生的静电作用较强，接触体表时产生静电，会改变人体体表的正常生物电位差，影响心肌正常的电生理过程及正常心脏电传导，对某些人群而言可诱发产生功能性心律失常等症状。静电还可能使血液的碱性升高，导致血清中的钙含量下降，钙的排泄增加，引起皮肤瘙痒、色素沉着，影响人体生理平衡，干扰人的情绪。人体长期在静电辐射下，可能会感到焦躁不安、头痛、胸闷、呼吸困难、咳嗽等。二是化纤衣物可能引起过敏性皮炎、皮肤瘙痒症，以及丘疹、红斑等症状。尤其对于老年人而言易诱发和加重皮肤瘙痒症。老年人皮脂腺和汗腺萎缩，总穿化纤材料的衣服会导致皮脂和汗液分泌减少，皮肤干燥脱屑，免疫功能下降。三是由于合成纤维吸水性差，汗液会附着在皮肤上，如果长期穿化纤内衣，会导致微生物滋生，从而诱发过敏和湿疹。四是合成纤维生产过程中混入的原料单体、氨、甲醇等微量化学成分，对过敏体质的人，尤其是对儿童刺激性较大。

建议不过多、过久地穿化纤衣物，特别是在选择内衣时，不要选择化纤织物的内衣，应选择棉质内衣。如有过敏性疾病，选择内外衣物都不宜选择化纤织物。

四、学点收纳技巧，保持室内整洁

室内避免杂物乱放，及时、合理收纳杂物和固定地毯边缘可以有效防止老年人和儿童跌倒。定期清理物品，可以使室内保持干净整洁，也可以提升生活幸福感。

一是就近收纳，缩短动线。按照生活动线的顺序，分区清点需要用到的物品。设想好生活的场景是什么样的，大致清点确认有多少东西需要收纳。估计出放置这些物品需要多大的位置，提前做好规划，尽可能让每一件物品都有安身之所。

二是根据物品使用的频率决定物品摆放的位置。可以尝试按照“头腰原则”进行，即最常用的物品都放在腰部以上，头部以下的位置。一些通用的尺寸数据可以作为参考，人手能碰到的高度是身高乘以 1.2 得出的数值，视线的高度一般是身高乘以 0.9 得出的数值，常用物品放置的高度范围为离地 0.6~1.8 米，储藏物品放置的高度范围一般为离地 1.8~2.4

米以及 0.6 米以下。这样能保证常用的物品都在触手可及的范围内，不需要借助其他工具，伸手就能轻松拿到。

三是根据物品尺寸分割空间进行收纳。根据物品尺寸设计收纳位，分割空间，让收纳空间使用效率翻倍。这对于垂直空间的利用特别有效。

四是统一选择容器，有藏有露。保持视觉上整洁最基本的原则就是“藏八露二”。把 80% 的物品藏起来，只露出 20% 可以用来展示的物品，主次分明。可以尝试用同系列的收纳盒将物品分门别类地收好，再用标签标记好。

第五章
室内空气与环境

一、四种情况要开窗

加强空气流通有利于降低室内空气中污染物的浓度，保护居住者身体健康。

（1）早起后要开窗

睡觉时，室内往往比较封闭，经过一整夜的睡眠，卧室里二氧化碳浓度升高，氧气浓度降低。早起后室内急需通风换气，开窗尤为重要。需要提醒的是，心血管疾病患者极易受到冷空气等的刺激而发病，因此这类人群起床后一定要多穿衣服，以适应开窗后的温度。

（2）做饭时要开窗

采用煎炒烹炸等烹调方式做饭会产生大量油烟，对鼻、眼、咽喉黏膜有强烈的刺激，可引起鼻炎、咽喉炎、气管炎等呼吸系统疾病。因此做饭时不仅要打开抽油烟机，还要开窗通风，最好让空气产生对流。完成烹饪后也要开窗通风至少 10 分钟，避免油烟沉积在家中。

（3）打扫时要开窗

打扫房间时是室内空气中污染物含量最高的时刻。当清洁沙发、床垫或地毯时，其间隐藏的大量细菌、尘螨、皮屑等会飘浮在空中，清扫地面时污染物也会扬起。这时应开窗通风，以降低室内污染物的浓度。

（4）睡觉前要开窗

天气情况适宜时，可以每天睡前半小时，开窗15分钟左右。最好能保持空气对流，这样可增加室内空气中氧气的含量，有助于睡眠。开窗时，老人小孩尽量少在窗边活动；睡觉时，卧室门窗也不要紧闭，以免缺氧影响睡眠，可以将门或窗打开一条小缝，让新鲜空气进入卧室。如果窗户对着头部，最好使用窗帘等进行遮挡，避免直吹。

二、三类天气不能开窗

开窗通风能使室内空气流通，减少室内空气污染。但在室外天气条件较差的时候，开窗不仅无法起到净化室内空气的作用，反而会加重室内污染，危害健康。主要有以下三类天气条件需要特别注意。

一是雾霾及沙尘天气时别开窗。此时室外大气污染较为严重，应关闭门窗，防止室外有害颗粒物进入室内。如遇到持续雾霾天气，应选择空气污染相对较轻的时段定时通风换气，否则可能造成室内二氧化碳浓度过高，影响健康。

二是小雨天气时别开窗。小雨天气时风速较低、风力较小，风对空气中悬浮的颗粒物及有害气体的冲刷不够彻底，

不利于污染物的稀释和扩散。大气中的污染物会形成湿沉降，加重空气污染，因此不宜开窗。

三是大风天气时别开窗。大风可造成扬尘，易使空气中的污染物扩散。并且大风容易扰动建筑物、树木上积累的灰尘，可能会将室外污染物引至室内。风力在 5 级以上时应关闭窗户，等风力较小时将窗户打开一条缝即可。

另外，早晚交通高峰期的汽车尾气使空气质量变差。特别是临近马路的地区，空气更加浑浊。居住在交通主干道附近的居民开窗通风应选择避开早晚交通高峰时段。

三、开窗方式有讲究

勤通风换气可以有效降低室内空气污染物浓度，反之则会使室内空气污染物累积，浓度不断升高，进而危害人体健康。通风换气的方式首选开窗，而对于开窗的方式也需要重点关注以下几个方面。

一是时间。一般在 8~11 点和 13~16 点开窗。这些时段大气扩散条件较好，污染物浓度较低，开窗换气效果也较好，其中，10 点和 15 点左右是最佳的开窗时间。

二是时长。我国现行空气质量标准文件对通风换气次数和换气量都有规定。《室内空气质量标准》（GB/T 18883—2022）规定，每人每小时新风量应不少于 30 立方米。这可以保证有充足的新鲜空气进入室内，起到减少室内污染物含量的效果。每日通风 2 ~ 3 次，每次开窗通风的时间以20~30 分钟为宜。在气温适宜的情况下，尽可能打开门窗加强空气流通。

三是方法。通风方式以形成对流为佳，例如打开家中彼此距离最远的窗户和门，让流动的空气穿过整个房间；夜间睡觉时也可将窗户开一条小缝隙，以使室内氧气得到补充，有助于睡眠。

四、温度湿度要适宜

空气温度、湿度的改变对室内环境的影响尤为明显，对人体的舒适度也起到至关重要的作用。

世界卫生组织（WHO）发布的《居家与健康准则》建议室内温度不低于 18℃；根据各国地域情况的差异，推荐室内温度宜在 25~32℃。我国《室内空气质量标准》（GB/T 18883—2022）规定，夏季室内温度设置在 22~28℃，湿度设置在 40%~80%；冬季室内温度设置在 16~24℃，湿度设置在30%~60%。

居家温湿度调节可参考以下方法：居家温度过低时，可采用集中式或分散式供暖的方式保持室内温度。对于无集中供暖的地区，可选择安装分户供暖设施，如壁挂炉、电暖器、空调等。居家温度过高时，可使用空调、电风扇、换气扇等设施进行降温，也可以使用窗帘、反光膜等物品进行物理降

温。居家湿度过低时，可通过直接喷水或使用加湿器等进行加湿；居家湿度过高时，可通过升温除湿和通风除湿，或使用除湿机等机器进行除湿。

五、警惕室内化学污染物

室内空气化学污染物来源广泛，所包含的有毒有害物质也是复杂多样的。

室内空气化学污染物由三方面组成。

一是源自室内装修装饰材料，主要包括甲醛、苯及苯系物、氨等。甲醛主要来源于涂料、壁纸、人造板材及油漆等装饰材料；苯、甲苯和二甲苯等主要来源于塑料泡沫、合成纤维及胶黏剂；氨主要存在于石膏线、混凝土添加剂及壁纸等装修材料中，也会出现在摆件与家具等室内装饰物中。

二是源自采暖、吸烟及烹调产生的烟雾，主要包括二氧化碳、一氧化碳、可吸入颗粒物（PM_{10}）、细颗粒物（$PM_{2.5}$）等。其具有刺激性、毒性及致癌性，气味较为特殊，会对人体的免疫系统、中枢神经系统及消化系统造成影响，常常会使人出现食欲缺乏、头晕、免疫力降低、头痛及嗜睡等症状，甚至会损伤人体的造血系统与肝脏系统。

三是室内电器设备使用产生的臭氧。日常生活中，电视机、复印机、电子消毒柜、以静电除尘原理工作的空气净化器或新风系统、果蔬清洗机等电气设备的使用，会以电离、光化学反应或紫外线照射等方式产生臭氧。臭氧具有刺激性、强氧化性和腐蚀性，吸入过量臭氧会对人体健康造成危害。

六、警惕室内生物污染物

室内空气中的生物污染物主要包括细菌、真菌和病毒。这些污染物种类繁多，且来自多种污染源头。它们通常附着在尘埃上，随人们的活动或空气流动传播，能引起过敏性疾病、呼吸道疾病，损害人体健康。

室内空气中的细菌，一是来源于室外。当室外空气中的细菌浓度较高时，室内空气中的细菌浓度也相对较高，二者呈正相关关系。二是受室内人员的活动影响。人员在室内活动，特别是人员较密集时，会使室内颗粒物的浓度上升，进而增加室内空气中细菌的浓度。并且，咳嗽或打喷嚏也会使人体内呼吸道的病菌在室内空气中传播和扩散。另外，一些未定期清理的家装和软装材料也会成为细菌的重要滋生地。有文献报道，地板细菌数量约占室内细菌来源总数量的12.5%，地毯细菌数量约占室内细菌来源总数量的7%。三是来源于未正常维护的设备设施，如新风系统、分体式空调滤网、淋浴喷头等。其上存在的细菌，也会成为室内空气中细菌的重要来源。

室内空气中真菌的污染与室内物理环境、建筑围护结构材料、居住者的生活行为习惯相关联。地下水、雨水、管道

渗漏造成的墙面渗水的部位是真菌滋生的高危区，卫生间、厨房等用水频率高的房间也易发生真菌生长的情况。夏季室内空气湿度大时，空调送风口附近由于凝结水的存在极易滋生真菌。真菌可通过呼吸道和皮肤接触等进入人体，引起恶心、呕吐、腹痛等症状，严重的会导致呼吸道和肠道疾病，另外还可引起哮喘、鼻炎等过敏性疾病。

七、室内空气质量标准是什么

人一生超过 80% 的时间是在室内（包括交通工具内）度过，人体空气摄入质量占摄入总质量（水、食物和空气）的比例近 90%，室内空气安全对人非常重要，直接关系着人的身体健康状况。

我国高度重视室内空气质量的安全。2002 年，原国家环境保护总局会同原国家质量监督检验检疫总局、原卫生部制定了《室内空气质量标准》（GB/T 18883—2002），该标准规定了室内温度等物理性参数、二氧化硫等化学性参数、菌落总数等生物性参数及检验方法。

2018 年，国家卫生健康委召开《室内空气质量标准》修订工作第一次全体会议，正式启动对该标准的修订工作。2022 年，经国家市场监督管理总局（国家标准化管理委员会）批准，我国新版《室内空气质量标准》（GB/T 18883—2022）代替了《室内空气质量标准》（GB/T 18883—

2002），于 2023 年 2 月 1 日起正式实施。

该标准规定了室内空气质量的物理性、化学性、生物性和放射性指标、卫生限值及检测方法，适用于住宅和办公建筑物，对于其他室内环境，参照该标准执行。该标准较从前新增了 $PM_{2.5}$ 等 3 项指标及对其的要求，提高了二氧化氮等 7 项指标，优化了指标测定方法。该标准的正式实施对于加强我国室内空气质量管理，进一步降低室内空气污染物的浓度，保护公众健康等具有重要的意义。

八、空气净化器的选购、使用及维护

根据房间面积、待去除的污染物类型，合理选择空气净化器的类型，才能达到所期望的净化效果。按照现行的国家标准挑选空气净化器时还要重点关注以下几个参数。

（1）洁净空气量

洁净空气量（CADR）是单位时间内提供的洁净空气量。CADR 值越大，说明空气净化器的净化能力越强，即可在相对短的时间内使房间空气迅速净化，净化效果也越好。

（2）累计净化量

累计净化量（CCM）用以评价一台空气净化器 CADR 值的衰减情况，是表征空气净化器净化寿命的指标。客观地说，一台空气净化器对应的 CCM 值的大小能反映该空气净化器净化能力的持久性。累计净化量越大，说明空气净化器

的有效 CADR 维持时间越长，可净化的污染物越多越耐用。

（3）净化能效值

净化能效是空气净化器在额定状态下单位功耗下所产生的洁净空气量。空气净化器一般需要通电工作，净化能效值越高越省电，污染物去除能力越强。

（4）噪声量

空气净化器运行时会产生噪声，噪声大小是选择净化器时的重要参考指标。《空气净化器》（GB/T 18801—2022）中列明了空气净化器产生不同洁净空气量对应的噪声限值。通常客厅选用正常运行时噪声在 55 分贝（A）以下的空气净化器，卧室选用噪声在 45 分贝（A）以下的空气净化器。选

购时可以观察倾听样机声音进行直观感受。另外，在购买时需留意产品说明书，一般会附空气净化器空气净化效果检测单位出具的检测报告或合格证明，未给出实验条件，表述过于简单甚至绝对化的要慎重购买。

另外，我们要按照厂家提供的说明书使用和维护空气净化器。一是将空气净化器放在干燥、稳固、平整的表面上，要保证连接电线的插座接触性良好。二是不要在空气净化器顶部放置任何物品，也不要让儿童坐在空气净化器上。不要用硬物敲击空气净化器，尤其是其进风口和出风口，而且不要将手指或其他物体插入空气净化器出风口。三是不要在潮湿的环境或高温的环境中（例如浴室、卫生间或厨房）使用空气净化器，也不要在温度变化较大的房间内使用。那样可能导致空气净化器内部发生冷凝。不要在靠近水源的地方或具有挥发性的易燃物附近使用空气净化器。长期不使用或不移动时，应关闭电源。保养机器、更换机器滤材时，如果机器未完全安装到位，请勿开机。按照产品说明书对空气净化器进行日常保养。在使用过程中如果发现净化效果明显下降或者开启空气净化器以后发现有异味，要及时更换过滤材料和清洗过滤器了。空气净化器中的净化材料也是有使用寿命的，为避免二次污染，应根据污染程度和使用时间及时更换，在更换空气净化器内部材料时要做好自我防护。

九、科学使用加湿器

冬季取暖往往伴随着室内相对湿度显著下降，或者干燥地区室内相对湿度较低，为此，常采用空气加湿器提高空气相对湿度。科学使用加湿器可以改善空气湿度，在一定程度上缓解皮肤干燥、瘙痒等问题，也可以降低呼吸道疾病的发生概率。

第一，加湿器应间断开启。长时间使用加湿器会导致室内环境湿度过大，容易滋生细菌，不利于人体健康。建议加湿器每运行两小时后，将其关闭一会儿，并注意定时开窗通风。

第二，注意清洗加湿器。加湿器水箱中的水最好每天更换一次。使用加湿器后，应根据器具的材质，做好器具的清洗、消毒和晾干工作。如果不定期清洗加湿器，则滋生的细菌或真菌会随着加湿器喷出的气雾被吸入肺内，引起肺炎等相关感染性疾病。长时间不用的加湿器，再次使用前也应将其彻底清洗干净。与异形水箱的加湿器相比，大容量开口式水箱的加湿器更方便清洁。

第三，不要向加湿器中“添油加醋”。建议向加湿器中加入硬度较低的软水、纯净水或凉开水。不要向加湿器中添加精油、杀菌剂、药物、醋等物质。否则，会对人体呼吸系统产生不利影响，同时也会损坏加湿器。

第四，加湿器摆放位置要合理。加湿器应放置在距离人们身体2米以上的位置，尤其是不能直接对着面部吹雾。否则，从加湿器中飘散出来的病菌可能穿过人体呼吸系统“屏障”，直达肺泡内部，从而引发呼吸系统疾病。同时，为了保证加湿效果，加湿器应放置在距离地面1米左右的通风良好、光照适中的稳定台面上。此外，为了避免发生意外，加湿器应放置在远离家电的位置。

第五，随时监测空气湿度。最好在家里装一个湿度计，使用加湿器时，可根据室内的空气湿度，合理调节加湿器的湿度与使用时间。一般来说，人体觉得舒适时的空气湿度为40%～60%。如果空气湿度太高，人们会感到胸闷、呼吸困难，

同时还会加快病菌繁殖的速度，不利于人体健康。

目前，常用的加湿器主要分为两大类：一类是冷蒸发式加湿器，也叫“无雾型”加湿器，是通过水分以气态形式扩散到空中来完成加湿的。这类加湿器的价格普遍较高，且需要定期更换加湿器的滤芯。另一类是超声雾化式加湿器，也叫“有雾型”加湿器，是通过给压电陶瓷片通高频交流电，使其高频振动带动水分子产生白雾来完成加湿的。这类加湿器的加湿效率高、产品结构较简单。在选购加湿器的时候要关注关键性能指标。根据使用面积和实际需求来选择加湿器，重点关注额定加湿量和加湿效率两项指标。注意清洗抑制细菌，使用前，将之前的剩水换掉再清洁干净；使用后，最好能根据器具的材质做一下消毒和晾干。

十、室内种植花草有门道

花草具有吸收二氧化碳、释放氧气的功能。在室内种植的大部分花草不仅可以美化居室，还能够有效净化室内空气，有益人体健康。但也有一些花草会对人体产生负面影响，应引起注意。

1. 室内种植花草的作用

（1）美化居室

如果室内面积较小，可以选择种植较为低矮的植物，如仙人掌等。目前，西方盛行在阳台上养云杉和其他低矮的针

叶树，这些植物能让室内充满令人神清气爽的树香。

（2）调节室内湿度

室内植物可以“营造”良好的“小气候”。用钢筋、水泥、预制板盖成的现代化大楼内的空气湿度远低于正常标准，与沙漠的湿度相差无几。我们可以试试在家中养这几种植物，长寿花的净化能力超强，而且它的叶片本身具有储水的功效，可以有效地调节室内的空气湿度。白掌不仅可以净化室内的有害气体，而且还可以通过叶片调节室内的空气湿度，有效提高室内的空气质量。散尾葵被人称为“天然的加湿器”，深受大家的青睐。

（3）降低室内噪声

声音是以声波的形式进行传播的。声波射向树叶的初始角度和树叶的密度决定了树叶对声音反射、投射和吸收的情况。叶片大而厚、带有绒毛的浓密树叶及细枝对降低高频噪声有较好的作用。种植龟背竹、金绿萝、吊兰等植物可以有效阻止噪声的传播。

（4）吸附尘埃，净化空气

在居室内摆放一些抗污染的花草，也能起到空气净化器所能起到的作用。许多花草可以吸附尘埃，吸收甲醛、二氧化硫、氯气等有害气体。通过光合作用，植物能不断释放氧气。有些花卉散发的芳香物质具有杀菌的作用，而松柏科植物能使空气中负离子的浓度提高。

2. 室内种植花草的注意事项

（1）忌在室内大量种植花草

因为植物一直在进行着呼吸作用，放出二氧化碳，而只在光照下进行光合作用放出氧气。白天植物的呼吸作用小于光合作用，所以植物白天放出的是氧气，而其在夜间呼吸作用大于光合作用，释放的是二氧化碳。如果种植的花草过多，则会降低室内空气中氧气的浓度，危害人体健康。

（2）忌种植散发强烈香味和刺激性气味的花卉

强烈的香味和刺激性气味能使人过敏或使人精神兴奋而造成失眠。

十一、饲养宠物要遵守规定

随着人们生活质量的提高，各类宠物被越来越多的人喜爱。它们是独居老人的忠诚陪伴者，是孩童友善的伙伴，是人们情感的寄托。但是宠物也会携带多种细菌、病毒和寄生虫，可通过直接接触、媒介传播、咬伤等途径传播疾病。了解宠物饲养的注意事项，做好宠物的饲养管理，可以减少疾病的发生和传播，增添饲养乐趣。

为了引导居民文明健康饲养宠物，共同维护人居环境和周围环境卫生，倡议如下。

（1）饲养宠物后要根据需要及时带宠物接种疫苗，必要时进行驱虫处理，并按规定办理相关手续。

（2）饲养者应随身携带宠物粪便袋或垃圾袋，如果宠物在外排便，要自觉并及时地清理粪便。

（3）宠物抓伤或咬伤他人后，饲养者要及时带伤者就医，并主动承担相应的责任。

（4）养宠物也要遵纪守法，禁止饲养国家一、二级保护动物。

只能饲养来源合法、不带毒性、不对人类具有较强攻击性的动物。禁止私自捕捉和驯化野生动物。

第六章
饮用水与健康

一、饮用水来源及其处理技术

很多人喝的饮用水是自来水，是经过水厂处理之后输送到千家万户的。日常饮水要符合《生活饮用水卫生标准》（GB 5749—2022）的要求。

饮用水的源水主要来自地表水和地下水。地表水是降水在地表形成径流，汇集后形成的水体，包括江河水、湖泊水、水库水等。其特点是水质较软，含盐量较低，水量和水质受流经地区地质环境和人类活动的影响较大。地下水是由降水和地表水经土壤地层渗透到地面以下而形成的。一般情况下，地下水水质较好，但矿化度高，多属硬水。

饮用水处理是对所选取的水源水进行适当的处理，目的是去除水中的有害成分，使其满足生活饮用水的水质要求。

饮用水常规处理技术及其工艺在 20 世纪初期就已经形成雏形，并在饮用水处理的实践中不断完善。饮用水常规处理工艺的主要去除对象是水源水中的悬浮物、胶体物和病原微生物等。饮用水常规处理工艺所使用的处理技术有混凝、沉淀、过滤、消毒等。混凝是向原水中投加混凝剂，使水中难于自然沉淀分离的悬浮物和胶体颗粒聚合，形成大颗粒絮体（俗称“矾花”）。沉淀是将混凝形成的大颗粒絮体通过重力沉降作用从水中分离。过滤是利用颗粒状滤料（如石英砂等）截留经过沉淀之后水中残留的颗粒物，进一步去除水中的杂质，降低水的混浊度。消毒是向水中加入消毒剂（一般用液氯）来灭活水中的病原微生物。由这些技术所组成的饮用水常规处理工艺目前仍为大多数水厂所采用，因此饮用水常规处理工艺是饮用水处理系统的主要工艺。

二、生活饮用水卫生标准的发展历程

水是人类生命的源泉，饮水安全是人类健康和生命安全的基本保障。获得安全的水资源是维护人类健康和生态系统完整性的前提，也是各国发展的需要。

《生活饮用水卫生标准》是以保护人群健康和保证人类生活质量为出发点，对饮用水中与人群健康相关或影响水质感官性状的各种指标的量值以及达到指标量值的有关行为规范做出规定，经国家有关部门批准、颁布的法定卫生标准。

保障饮用水水质安全是饮用水安全保障工作的核心。我国政府一直高度重视饮用水安全问题。经过数十年的发展，我国的饮用水卫生标准内容逐步得到了完善。1955 年，原卫生部颁布了《自来水水质暂行标准（修正稿）》，在北京、天津、上海等 12 个城市试行。这是中华人民共和国成立后第一部管理生活饮用水的技术文件。随后经历不断修改完善，

相继颁布了一些文件。早期颁布的水质标准文件还有《饮用水水质标准（草案）》（1956 年）、《集中式生活饮用水水质选择及水质评价暂行规则》（1957 年）、《生活饮用水卫生规程》（1959 年）和《生活饮用水卫生标准（试行）》（TJ 20—1976）等。1985 年，原卫生部批准并颁布了《生活饮用水卫生标准》（GB 5749—1985），2006 年完成了对 GB 5749 文件的第一次修订，颁布了《生活饮用水卫生标准》（GB 5749—2006），2007 年 7 月 1 日开始实施。2022 年完成了第二次修订，新版《生活饮用水卫生标准》（GB 5749—2022）于 2022 年 3 月 15 日颁布，并于 2023 年 4 月 1 日开始实施。

三、什么样的喝水方式是科学的

根据《生活饮用水卫生标准》（GB 5749-2022），饮用水应满足感官性状良好，透明，无色，无异味，无肉眼可见物，无病原微生物，水中所含的化学性物质和放射性物质对人体无急、慢性中毒危害和远期危害的要求。

很多人认为喝水是件很简单的事，其实不然，就算你喝的是“安全的水”，甚至是“好水”，如果你不懂得喝多少、如何喝，你的身体也不能获得最大的收益。

1. 起床后、睡觉前要喝水

清晨起床空腹喝 1 杯水，可以弥补夜间损失的水分，降低血液黏稠度，预防脑出血和心肌梗死的发生，还可湿润肠道，促进排泄，预防便秘。晚上睡前喝 1 杯，可以缓解夜间睡眠过程中身体缺水，可以预防夜间血液黏稠度升高，减少脑卒中或心肌梗死的危险。

2. 不要等到口渴才喝水

要主动喝水，不要等到口渴时再喝水，要少量多次喝水。一次饮水量不宜过多，以 200 毫升为宜。饮水过多会加重胃肠道负担，使胃液稀释，会减弱胃酸杀菌作用，妨碍食物消化。《中国居民膳食指南（2022）》中明确规定，成年男性和成年女性每天水摄入量至少为 1700 毫升和 1500 毫升。

3. 喝茶、喝汤也算喝水

喝茶是重要的补水方式之一。茶水中含有抗氧化物茶多酚，因此喝茶可预防一些慢性疾病。但不建议喝浓茶，浓茶中的单宁可影响人体对食物中矿物质的吸收，而茶碱有兴奋和利尿作用，会加速体内钙的排出。喝汤也是补水的重要方式，特别是在夏季。汤中含有一些开胃的物质，如核苷酸等，可以在吃饭前喝上小半碗，饭后再喝一碗。另外，喝汤还可以补充夏季因出汗流失的盐分。

4. 勿将饮料代替水来喝

饮料不能当水喝，因为多数饮料中含有糖分，会导致摄入过多能量；多喝饮料会损害牙齿；会诱发慢性病——增加罹患肥胖症、糖尿病、胰腺癌、心脏病等的风险。

四、反复烧开的水易致病吗

“千滚水”是经过反复加热或重复加热的饮用水及生活用水。“千滚水”被认为会导致“亚硝酸盐超标”“亚硝酸盐中毒”。因为水被反复烧，受高温影响的确会导致水中部分硝酸盐物质转化成亚硝酸盐。那么，反复烧开的“千滚水”真的会对人体健康产生影响吗？

经过实验测定，得知自来水当中的亚硝酸盐含量是 0.007 毫克/升，烧开一次之后的数值为 0.021 毫克/升，继续烧开达 20 次之后的含量是 0.038 毫克/升。而生活饮用水卫生标准中，亚硝酸盐的限值标准是≤ 1 毫克/升。虽然如此，仍需考虑有害物质的积累，应尽量避免饮用“千滚水”。另外，要注意使用以符合安全标准的材质制造的加热容器来烧水，如热水壶选择食品级 304 不锈钢的，最好选择食品级 316 不锈钢的。还应定期对加热容器进行清洗，清除加热盘表面的水垢，延长加热容器的使用寿命。

五、桶装饮用水怎么喝

近年来，为了适应人们日益提高的饮水需求，市场上各式饮水机及桶装饮用水应运而生。饮水机及桶装饮用水的确给我们的生活带来了便利，但同时也给我们带来了饮用水污染的隐患。

在使用饮水机的过程中，室内空气会进入饮用水桶，置换其中的饮用水。因为进入桶中的室内空气没有经过处理，所以就会将一定量的微生物带入桶内，污染桶内饮用水。特别是对于一些一桶水要喝一两周或更长时间的用户，不仅水质、口感会变差，而且在饮水机内胆表面和水桶内壁上会长出绿藻。这表明桶装饮用水已经被污染了，要立即更换并对饮水机进行清洗。

为了减小桶装饮用水使用过程中饮用水的污染隐患，提高饮用水的质量，可以这样做。

（1）选择正规水店

选择去店内整洁卫生、管理规范的正规门店购买桶装饮用水，避免购买私自灌装、来路不明的“地下加工水”。

（2）检查标签

桶装饮用水标签上的文字应清晰、醒目，并标明产品名称、生产许可证编号、执行标准号、净含量、生产日期、保质期、生产厂家名称地址及联系方式等信息。

（3）查水桶

购买时要检查桶装饮用水的桶盖是否密封的。桶盖不密封，水容易受到细菌的污染。尽量挑选生产日期较新的桶装饮用水。旧桶使用时间长，内壁会变得不光滑，特别是存放矿泉水的桶，其内壁上容易产生矿物质沉淀，不容易清洗干净，会滋生细菌。

（4）观、品水质

观察桶装水是否澄清、无肉眼可见异物，品尝时应无怪异味道、无异嗅。

（5）善保存

桶装饮用水开盖后一般应尽快饮用，启封后的桶装水应存放在阴凉、避光处，夏天最好在一周内、冬天最好在 10 天内饮用完。

（6）防污染

对于家庭用饮水机，应每 2 周进行一次清洗消毒。饮水机应放置于避光处，避免阳光直射，并保持周围环境整洁，以减少桶内绿藻的生成。

六、家用净水器如何选择

目前，市场上家用净水器产品众多，主要是以吸附和过滤等多种功能组合而成，其中，滤芯是净水器的重要部件，关系到净水后水质的好坏。

要想选到真正适合自己家庭使用的净水器，需要做到以下几点。

1. 索要涉水产品卫生许可批准文号

首先，一定要向销售单位索取涉水产品卫生许可批准文号。我国规定，未取得涉水产品卫生许可批准文号的产品不得生产、销售和使用。只有取得涉水产品卫生许可批准文号，才能证明这个产品通过了卫生安全检查，满足规范的要求，是合格的产品。

2. 了解家庭水源情况，合理选购净水器

需要了解自己家里的水源是管道水还是屋顶水箱水，是硬水还是软水（山区的水质多为硬水）。如有些地区水中的钙、镁等离子含量高，溶解性总固体（TDS）值高，建议消费者选购带多级过滤的反渗透膜或纳滤膜滤芯的家用净水器。对于水中钙、镁等离子含量低、TDS值低地区的消费者，建议选购带有超滤膜、陶瓷滤芯的家用净水器。

3. 选择售后服务好的商家

消费者要尽量选择有完善售后服务的大品牌。购买净水器时不能盲目听从商家的宣传，而应根据家庭用水情况选择合适的产品。

七、家用净水器如何使用

有调查表明，占半数的消费者对家用净水器缺乏足够的使用常识与卫生知识。在长期使用过程中，若不及时清洗净水器，甚至滤芯已发霉却仍在使用，此时达到饱和量的活性炭就是细菌等微生物滋养的温床。长期饮用不卫生的水，会对人体健康产生不利影响。所以，正确掌握净水器的使用方法尤为必要。

首次使用净水器时，应将水龙头、净水器进水口等各个龙头全部打开，冲洗 15 分钟左右，去除净水器内的保护液，也保证了以后水质的卫生、安全。

使用净水器应按照产品说明规定的要求进行，包括净水器的滤芯更换时间和净水器的树脂再生时间等。

应定时更换滤芯，而且最好使用净水器厂家原装的滤芯，因为不合格的滤芯会对整个净水器造成严重影响。有的净水器有警报功能，对于各种滤芯污染状况会提供预警，便于消费者及时更换滤芯。

可以结合考虑不同的使用场景，选择不同的净水方式。如有些净水器有两种供水模式，不仅可提供针对厨房清洗食材的用水，转换龙头还可提供烧饭、烹饪和饮用的净水。

若是因为出差或者有其他原因，净水器超过 3 天不使用，当再次使用时，应先打开水龙头和净水器的进水开关冲洗 3~5 分钟，排出净水器中的滞留水后再使用。

在自来水停水再来水的情况下，使用者应先打开水龙头，放水 2~3 分钟，待水清澈后再打开净水器的进水开关。当然，放出来的这些水可用于冲洗坐便器或浇花等。

第七章

室内照明与健康

一、根据光源特点选择合适的光源

室内最常用的光源主要包括以下三大类：白炽灯、荧光灯、高强气体放电灯（HID 灯）。近年来，发光二极管（LED）、激光等新型光源也开始运用于室内环境中。

1. 白炽灯

白炽灯是将灯丝加热到白炽的温度，利用热辐射而辐射出可见光的光源。白炽灯的主要部件为灯丝、支架、泡壳、填充气体和灯头。白炽灯可瞬间启动，可对其进行调光。调光使灯丝工作温度降低，从而使灯的色温降低，灯的光效降低，但寿命被延长。与其他光源相比，白炽灯的寿命较短，通常额定寿命 1000 小时左右。

2. 荧光灯

荧光灯是一种利用低压汞蒸气放电产生的紫外线，通过添敷在玻璃管内壁的荧光粉转换成为可见光的低压气体放电光源。与白炽灯相比，荧光灯具有发光效率高、灯管表面亮度及温度低、光色好、品种多、寿命长等优点，因此它是目前室内照明最常见的产品。

3. 高强气体放电灯（HID 灯）

HID 灯的外观特点是其灯泡内装有一个石英的或半透明的陶瓷电弧管，内充有各种化合物。室内照明所涉及的 HID 灯主要是荧光高压汞灯、高压钠灯和金卤灯三种。这三种光源发光原理相同，主要的区别在于各电弧管所使用的材料和管内填充的化合物不同。HID 灯发光原理同荧光灯，只是构造不同，内管的工作气压远高于荧光灯。HID 灯的最大优点是光效高、寿命长，但总体来看，有启动时间长（不能瞬间启动）、不可调光、开灯位置受限制、对电压波动敏感等缺点，因此多用于室内空间的一般照明。

4. 发光二极管（LED）

与其他光源相比，LED 灯具有省电、有 10 万小时以上的超长寿命、体积小、发冷光、光响应速度快、工作电压低、抗震耐冲击、光色选择多等诸多优点，被认为是继白炽灯、荧光灯、HID 灯之后的第四代光源。

二、创造适宜读写的灯光环境

适宜的光环境不仅能使人提高读书写字效率，还能保护人的视力。那么，怎样的照明环境能够让孩子专心学习，同时最大限度地保护他们的眼睛？

在白天或者天气良好的情况下，在自然采光状态下读书写字是最舒适的，但切记要避免阳光直射。傍晚或采光较差时，

建议打开护眼灯，可避免眼睛由于看不清楚而动用更多的调节功能，导致视觉疲劳。比较常见的护眼灯的工作原理通常采用高频闪的原理，当灯光闪烁频率超过人眼神经反应速度时，人就不会因为感受到灯光的强烈闪烁而视觉疲劳。但高频闪并不等于无频闪，长时间使用仍然可能引起眼睛不适。

台灯太亮也是不可取的，选择灯泡瓦数为 40 ~ 60 瓦（中心照度为 500 ~ 750 勒克斯，亮度为 120 ~ 150 坎德拉 / 平方米）的 LED 台灯即可。台灯亮度是否合适，还与使用台灯时的环境有很大关系。在打开台灯前，可以打开房间里的一盏顶灯，减少台灯与环境亮度对比差异过大所造成的眼睛不适感。另外，避开灯光直射以及反射光有窍门：把台灯放到写字那只手的对侧（如右手写字就放在左前方，反之亦然）约 30 厘米处，并与桌面呈 45° 左右的角度，避免遮挡台灯的光源。台灯与书本的距离不宜太近，建议保持在60~70厘米。

近年来，居家上网课的学生越来越多。在不同的时间段上网课，环境的亮度会有明显变化。此时该如何调节屏幕亮度，使眼睛更加舒适？在白天采光较好的情况下，可将电子屏幕的亮度调整到中等水平（40%~60%），将对比度调整到中上水平（60%~80%）。这样孩子既可以看清楚屏幕上的内容，也不会因为亮度过高而产生不适感。晚上，由于已经存在背景光，电子屏幕光与环境的昏暗形成较强的对比，建议打开房间的灯，根据房间中灯的亮度把电子屏幕的亮度调节到较为舒适（不那么刺眼或没有眩光）的水平即可。

三、科学选择灯具，保护视力

近几年，市场上众多宣称“护眼”“润眼”“舒适”“学习用”“阅读用”“健康”的台灯价格从几十元到几千元不等，再加上各类媒体宣传“蓝光”“频闪”“电磁辐射”等的危害，使消费者在选择台灯时无所适从。面对林林总总的台灯，到底该如何选购呢?

1. 看核心技术指标

打开灯，看照射面是否足够亮，照射的面积是否足够大，被照区域的光线是否均匀。一盏质量好的台灯应能在看书写字的区域内提供足够和均匀的光线。

质量好的台灯设计中都会有光学设计对光源进行一定的遮挡，并且在台灯处于正常工作位置时，不会让使用者看到很强的光，即质量好的台灯具有很好的遮光性。

台灯的显色指数一般要大于 80。如果对显色性要求高，比如要在台灯下画画等，建议台灯的显色指数至少为90。另外，为避免蓝光对人眼造成伤害，可以选择无危险类（RGO 类）台灯。

2. 看是否有 CCC 认证标志

台灯被纳入国家强制性产品认证目录，必须通过 CCC 认证（中国强制认证）且加贴 CCC 标志才能出厂销售。目前对于不带电池的读写台灯，只有加贴了 CCC 标志，才能表明其符合电气、机械等的安全要求。

3. 看可调节台灯连接处的质量

为了方便使用，很多读写台灯的灯臂、灯头都可以调节，选购时注意看这些连接处调节是否顺畅，能否很好地支撑整个灯体。

因此，在选购台灯时，最好选择标识清楚、照度等级高、显色指数高、蓝光危险级别低的台灯。不过即使选对了台灯。夜晚也应该打开室内的其他照明灯具，以提供充足的背景光线，这样才能更有效地保护视力。

四、预防近视从灯光的调控开始

有专家认为，形成近视的主要原因是视觉环境原因，而

不是用眼习惯不良。所以营造环保、健康、节能和精美舒适的“绿色光环境”是预防近视的重中之重。

1. 合理控制灯光

（1）功能要求

根据不同的空间、场合以及对象的需要，选择合适的照明方式和灯具，以确保照度和亮度适当。例如，卧室光照要温馨，书房和厨房光照要明亮实用，卫生间光照要温暖、柔和。

（2）光线要求

注意色彩的协调，即选择冷色、暖色视用途而定。要避免发出眩光，以保护视力、提高工作和学习效率；要合理分布光源，光线照射方向和强弱要合适，避免直射人的眼睛。保持稳定的照明，光线不要忽明忽暗或闪烁。

2. 预防近视需要从多方面着手做

（1）自身的预防

孩子自己要有预防近视的观念，积极参加体育锻炼，增强体质，做到劳逸结合，科学用眼。让孩子养成良好的生活习惯，早睡早起，合理安排自己的学习时间。

（2）家庭的预防

帮助孩子培养正确的用眼习惯，给孩子提供一个良好的学习环境也非常重要。

第八章
家用电器与健康

一、冰箱不是“保险箱”

通常，人们买回新鲜的食品后，第一件事就是将它们放入家中的冰箱里，认为食品一旦被放入冰箱，就犹如进了保险箱，可一直保持新鲜。可有时人们就发现，有的食品烂了，有的很快就产生异味，有的结块，甚至发霉了。难道是冰箱制冷出了问题？还是食品本身就有质量问题？其实，冰箱不是万能的食品“保险箱”，要避免以下两种情况的发生。

1. 食源性致病菌污染

很多人认为，一般食品在低温环境下中不会发生微生物污染，但事实并非如此。在冷藏或者冷冻的条件下，大多数微生物只是处于休眠状态，但微生物中的抗寒细菌，如李斯特氏菌，在0℃的环境中也可缓慢生长。人们若摄入被该类致病菌污染的食品，易出现畏寒高热、头痛、胸痛等症状，严重者甚至会出现心力衰竭、出血休克而死亡等情况。

2. 反复冻融

冷冻条件下虽然可以抑制食品中大多数微生物的生长繁

殖和生化反应，但是在反复冷冻、融化的过程中，食品温度不断上下波动，当遇到适宜的温度时，附着在食品上的致病菌就会快速繁殖，加速食品的腐败变质。因此，冷冻食品解冻后应尽快食用，或者把新鲜的食品放入冰箱之前将它分割成小份，这样既便于按需拿取，也避免了将食品反复解冻。

二、空气炸锅真的健康吗

空气炸锅的工作原理就是在密封的小空间内，用一个电吹风向食物连续吹 200℃的高速强力热风，通过热空气的冲撞，把热量直接传导给食物，食物就这样熟了。而传统油炸食品的制作会先将油进行加热，再将食物浸泡在热油中，主要以热传导的方式油炸食物。

空气炸锅确实省油、少油。不过，需要注意的是，空气炸锅制作食物相比传统的油炸，虽然油脂用量少，但也是利用高温来完成食物加热的。因此，食物在熟制过程中同样会发生一些物理反应和化学反应，像质地改善、产生特殊口感等，也有可能产生对人体有危害的化学成分，比如丙烯酰胺。

空气炸锅烹制出的美食确实比传统的油炸食品更健康，但并不意味着就可以无所顾忌地吃这种方式制作的食物。我们要吃得健康，还要记得适量是关键。

三、如何看电视有讲究

看电视时要特别注意保护视力，一般应注意以下几点。

1. 电视机的亮度和对比度

打开电视机之后要把其亮度调到适当的程度，使图像看起来不刺眼，又不让人觉得暗；对比度也要适当调整，以图像看得清楚并光线柔和为最佳，不要过分追求高亮度、高对比度。亮度越高，直射光线越强，对眼睛的刺激就越大。

2. 电视机的位置和看电视位置的距离

电视机的摆放一般应使屏幕的横向中心线略低于视觉水平视线。在这种情况下，双眼的视觉感受接近人在步行、读书时眼睛最为习惯的位置，眼睛比较舒服。收看电视的最佳距离应当根据电视机屏幕大小而定，其距离为屏幕高度的 4 ~ 6 倍，相当于屏幕对角线长度的 2.4 ~ 3.6 倍。

3. 控制看电视的时间与空档休息

3 岁以下的婴幼儿不宜看电视，12 岁以下的儿童不宜长时间看电视。在观看过程中，要趁调换节目或放广告的空隙，闭上眼睛短暂休息，或向远处眺望一会儿，以免眼睛过度疲劳而影响视力。

4. 培养看电视的姿势

收看电视时，有些人喜欢横躺在沙发上、倚靠着沙发或半倚靠在床头欣赏节目。保持这些不良的姿势持续过久，活动很少，不能及时很好地调整腰部姿势，会加重腰部负担造

成腰痛。收看电视坐姿要好，应坐在电视机正前方，不要俯视、仰视、左视、右视，不能躺在床上收看电视。

四、定期清洗洗衣机

作为一种人们日常生活中会经常使用的家用电器，洗衣机是否需要定期清洗呢？答案当然是需要。我们平时看到的洗衣机外表洁白干净，实际上长时间未清洗的洗衣机内部会隐藏很多污垢，这些污垢大多存在于洗衣机的内筒上。

洗衣机内筒指的是平时使用洗衣机时放入、拿取衣物的筒。内筒镂空的地方存在空隙，方便水流进出；而外筒是密闭的，洗衣产生的污水都会经过这里，时间久了就会积存大量的污垢。如果长时间不清洗洗衣机，拆开洗衣机就会发现内筒上大都是黑色、褐色或者黄色的污垢。这主要是因为洗衣机洗出来的脏东西大多会在洗衣机槽里。洗衣机内桶在清洗的时候，会和滚筒内壁产生摩擦，滚筒表面上是干净的，而脏东西在内外桶之间的夹层空间里，也就是洗衣机槽中。污渍和细菌在夹层间不断积累，而且洗衣机内部常年潮湿、不见阳光，洗衣机内部便成了细菌的温床。

清洗洗衣机时，可以使用正规渠道购买的洗衣机专用清洗剂，使用时按照说明书进行操作即可。也可以预约专业的家政服务人员定期上门对洗衣机进行清洗。

五、选择安全的插线板

随着生活水平的提高，日常使用的家用电器越来越多。当家里预留的插座明显不够时，我们就要用到插线板这个电器附件。虽然插线板为我们的生活带来了方便，但是如果使用不当或者使用的是不合格的产品就容易发生火灾。

插线板的学名是“延长线插座”，在产品安全标准中的定义为一根带有一个插头和一个一位或多位延长线插座的软缆组成的组件，也称作“电线加长组件”，俗称插线板、拖线板、接线板、插排等，目前广泛使用在家庭、办公室、宾馆等各类场所中。

插线板作为电源和家用电器之间的“桥梁”，购买时最应该关注的就是安全问题，购买的插线板要符合国家相关标准。如今人们所说的新国标文件指的是《家用和类似用途插头插座 第2-7部分：延长线插座的特殊要求》（GB/T 2099.7—2015）、《家用和类似用途插头插座 第2-5部分：转换器的特殊要求》（GB/T 2099.3—2015）。该国标文件于2017年4月14日正式施行。它相比于旧国标增加了保护门的内容，要求插线板整机都要经过CCC认证，同时电源线加粗，对材料阻燃要求更高。以上几个方面的改变都是很细微地方的改变，使插线板的安全等级又有了不小的提升，所以买插线板时一定要选购采用新国标的合格产品。

六、科学使用空调

应该如何科学地使用空调呢？以变频空调为例，当室内温度达到空调机预设的温度时，压缩机就会自动停止工作；当室内温度有所升高，超过设定的数值时，压缩机才会再次启动。反复开启空调对压缩机有影响，因此，根据这一点来说，连续运行空调对延长压缩机的使用寿命有好处。

如果白天家中无人，晚上下班后到家开启空调，可以到第二天早晨五六点钟再关闭。如果家中一直有人，建议在中午时开启空调，设置定时运行到凌晨 2 点钟左右即可关闭。

如果只是短暂外出（不超过一个小时），关闭空调后，外面的热气又会偷偷进来，再开空调，压缩机就要重新启动，还要把屋里的热量转移出去，会更耗电的。所以出去买买菜，遛遛狗，取个快递之类的，不需要关闭空调。

七、什么是电磁辐射

生活中，我们经常会接触到电磁辐射。根据影响人类生活环境的电磁辐射来源的不同，大致可将其分为两大类：天然电磁辐射和人为电磁辐射。

天然电磁辐射主要来自宇宙射线、太阳热辐射、地球的热辐射、雷电等，是由自然界的某些自然现象引起的。人为电磁辐射主要产生于人工制造的电子设施的运行，如各类电子设备、电气装置等。人为电磁辐射场源按其频率的不同又

可分为工频场源和射频场源。

工频场源频率从数十到数百赫兹不等。工频场源主要以大功率输电线路所产生的电磁污染为主，同时也包括若干种放电型场源。射频场源主要是无线电广播、电视、微波通信等各种射频设备工作过程中所产生的电磁感应与电磁辐射。它的频率范围大，影响区域也较大，能危害近场区的工作人员。目前，射频场源已经成为电磁污染环境的主要因素。

八、哪些家用电器会产生电磁辐射

日常家庭生活中使用的家用电器，比如，电饭锅、电磁炉、微波炉、电吹风、电热水壶、液晶电视机、机顶盒等在使用过程中都会产生电磁辐射。

电磁炉、电视机、微波炉等是日常生活中比较常见的家电类电磁辐射源。研究表明，功率越大的电器产生的电磁辐射强度越高。家用电器中的电磁炉、微波炉、电烤箱等设备功率达到了几千瓦，其产生的电磁辐射强度比较大，会有长时间的累积作用，如果没有相应的保护措施，将会给人体健康带来危害。

我们在选择和购买家用电器时，一定要选择正规渠道的商品，不要购买“三无”产品；要注意家用电器的摆放位置，在使用过程中尽可能远离家用电器，以减少电磁辐射对我们的危害，并且尽量避免长时间使用电磁辐射强的家电产品。

九、减少手机电磁辐射的影响

手机产生的电磁辐射来源于手机天线向四周发射的电磁波，而大家经常使用的智能手机则是将天线集成在手机的内部，它具有以下两个特点：一个是手机背面电磁辐射最大，是前面板的数倍，接听电话时相对辐射量较小；另一个是所处地域的信号质量越好，手机电磁发射功率越小，辐射越低，所以应尽量避免在信号不好的地方长时间使用手机通话。

正常待机时，手机的辐射强度很低，通常情况下不会影响健康。因此，大家准备睡觉时可以放心将手机放在床头柜上，但还是要尽量避免放在枕头下等贴身的位置。随身携带待机状态下的手机时，也要注意让手机远离心脏等敏感器官，尽可能降低辐射的影响。

由于手机在接通语音的瞬间辐射最大，辐射强度能够达到正常通话时辐射强度的 2~3 倍，因此，建议大家在使用手机拨打、接听电话时，不要急于将手机放到耳边，在屏幕上显示接通成功后再通话。对于经常使用手机及长时间通话者，可以使用耳机、开启免提等方式以减少与手机电磁辐射的接触。

第九章 天气与健康

一、什么是高温热浪

夏日炎炎，持续高温，人们常说“热死人了”，这不是一句玩笑话。近年来，全国各地频频报道有人确诊“热射病”并死亡的事件，让普通大众触目惊心。那么到底什么样的温度算是高温呢？

我国气象学上一般把日最高气温达到或超过35℃的称为高温。如果连续几天的最高气温都超过35℃，这种天气即可称作“高温热浪”天气。世界气象组织建议将高温热浪的标准定为日最高气温高于32℃，且持续3天以上。

人体感到的冷热情况如何不仅取决于气温，还与空气湿度、风速、太阳热辐射等有关，因此不同气象条件下的高温天气有不同的特征。高温通常有干热型和闷热型两种。

气温极高、太阳辐射强而且空气湿度小的天气，被称为“干热型高温”天气。在夏季，中国北方地区如天津、石家庄、济南、郑州、西安、吐鲁番等地区经常出现这种天气。

夏季水汽丰富，空气湿度大，在气温并不太高（相对而言）时，人们的感觉是闷热的，就像在蒸笼中，此类天气被称为

“闷热型高温”天气。因为出现这种天气时人感觉像在桑拿浴室里蒸桑拿一样，所以又称“桑拿天”。这种天气在天津、济南及长江中下游，以及华南等地区经常出现。

二、高温热浪对人体健康的危害

高温容易使人感到疲劳、烦躁，易出现中暑的情况，对工作和生活产成不利影响。

很多人认为，中暑仅仅和温度高有关系，其实不然，人体感觉到热不完全取决于温度，也与湿度等气象因素有关。当空气湿度在 80% ~ 90% 时，汗液很难散发，此时哪怕空气温度只有 32℃左右，人体也会感觉到不适。当相对湿度下降到 30% 的时候，人体的耐高温能力使人可以耐受 38 ~ 39℃的高温。

热射病通常发生在夏季高温同时伴有高湿的天气。当温度过高时，人体中的水分就会减少，电解平衡会遭到破坏，引发头晕、胸闷等一系列身体不适的症状，这种情况称为中暑。热射病在等级划分中就是重症中暑。

另外，在温度和湿度相同的条件下，所处的环境通风越好，人体对高温的耐受程度越高。再者，个人体质、阳光直射、工作环境等因素也会对人体热量散发、身体调节机能状态产生影响。

三、高温预警信号有哪些

2007 年 6 月实施的《气象灾害预警信号发布与传播办法》中，高温预警信号被分为三级，分别以黄色、橙色、红色表示。

1. 黄色预警信号

连续三天日最高气温将在 35℃以上。

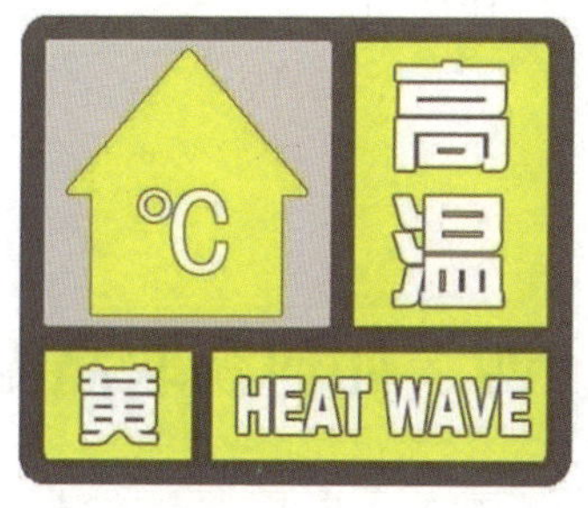

2. 橙色预警信号

24 小时内最高气温将升至 37℃以上。

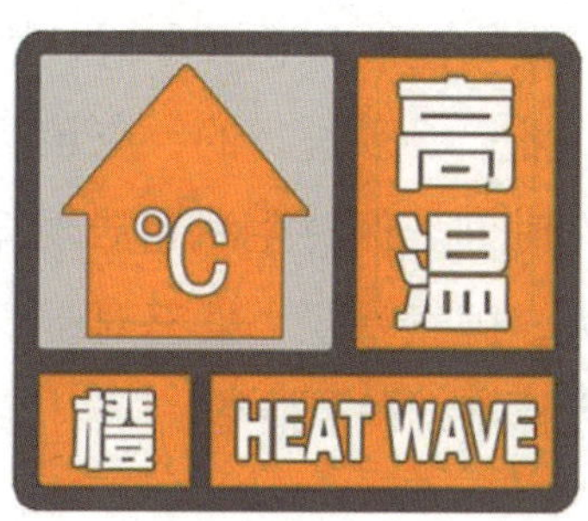

3. 红色预警信号

24 小时内最高气温将升至 40℃以上。

四、如何获取高温预警信息

当夏季来临时，可通过“中央气象台”“中国气象局”或者当地气象部门的微信公众号、微博、短视频账号等平台，及时关注发布的高温预警信息，做好个人健康防护。

获取高温预警信息后，应避免长时间在高温环境中活动。发布高温红色预警时，应停止特殊行业作业以外的户外作业，必须进行的，应该严格配备高温防护用品及控制工作时间。保持生活起居规律，心态平和。夏季火气容易变大，脾气暴躁、发怒对于身心健康都是非常不利的，应注意控制，调节情绪。

五、气温骤降护心脑

根据国家标准文件《冷空气等级》(GB/T 20484—2017)的定义，当某一地区日最低气温 24 小时内下降 8℃及以上，或 48 小时内下降 10℃及以上，或 72 小时内下降 12℃及以上，并且日最低气温下降到 4℃或以下时，48 小时、72 小时内的日最低气温连续下降，可认为发生寒潮。

温度的短时间急剧变化，会引起人体产生应激反应。寒潮天气会引发或加重高血压、冠心病、脑卒中等多种心脑血管疾病，以及上呼吸道感染（普通感冒、流感）、肺炎、哮喘（特别是儿童哮喘）、慢性阻塞性肺疾病（COPD）。

个人防护方面，应注意换上厚衣物及穿戴防护用品如帽子、口罩、围巾、手套等，同时减少户外活动，降低室内外的巨大温差对身体造成的危害。

寒潮对健康的影响和防护也有地域差异：我国北方冬季有集中供暖，室内干燥，室内外温差大，一冷一热容易诱发疾病；南方由于没有集中供暖，冬季室内冷，尤其是阴雨天气时，湿冷也是诱发感冒等疾病的重要因素。因此，北方地区在寒潮情况下健康防护应重视室内的增湿和通风，少出门，穿戴应注意保暖；南方地区在寒潮情况下健康防护除了要少出门、穿戴应注意保暖，更应采取一些安全的室内升温保暖措施，改善居室环境。

六、高温热浪天气时如何防护

当高温热浪天气来临时，避免高温时段外出，尤其要尽可能减少正午高温时段的外出次数和时长，避免长时间在阳光下直晒。如无法避免，要更加注意身体变化，必要时随身携带防暑降温药品。老年人、孕妇、有慢性疾病的人，特别是有心血管疾病的人，在高温天气应尽可能减少外出。若必须外出，尽量选择清晨和傍晚，减少户外活动时间。如在中午外出，可以适时在银行、商场等室内凉爽的场所休息数分钟，之后再继续户外活动。

在室内要加强通风，保持适宜的室温。在高温时段可适当开启空调调节室温，温度最好控制在 26℃左右。尽可能保持室内通风，不要长时间待在空调房内，否则长时间处于室内温度舒适的环境之中会使人体对高温的耐受程度降低，抵抗力也降低。

炎炎夏日，长时间被阳光直晒需做好防护，进行室外活动一定要做好防暑准备，如遮阳防晒、涂抹防晒用品、多喝淡盐水等，多休息，尽量保持生活规律，也不要在封闭的高温环境中长时间工作。

七、什么是雾霾

雾是一种自然界的天气现象，是由空气湿度较高引起空

气模糊不清，而霾是因大气中飘浮的细小颗粒物过多，再加上有特殊气象条件而形成的空气混浊的天气现象。所以，雾和霾都能使空气能见度降低，但产生原因不同。由于肉眼无法明确对其区分，所以雾和霾的天气常常被统称为雾霾天气。

引起雾霾的主要污染物是 $PM_{2.5}$，它是空气动力学中当量直径小于等于 2.5 微米的颗粒物，它的大小只有人类头发丝直径的 1/30 ~ 1/20 那样大，所以肉眼是看不见的。$PM_{2.5}$ 可以是由自然环境中的风扬起的尘土、火山灰、森林火灾等而产生，但更主要的是人为排放，比如煤烟尘、工业粉尘、机动车尾气、建筑及道路扬尘、焚烧等，再就是污染物排放到大气中经过复杂的化学反应而产生的二次污染物。对于室内 $PM_{2.5}$ 排放而言，吸烟和烹饪、焚香等人为活动是其重要来源。

八、雾霾天气的活动建议

当雾霾天气频现时，人们应关注气象环境部门的空气质量预报，了解当天及其后数天的大气污染状况，根据空气质量和霾预报情况合理安排出行。

轻度雾霾天气时，适当减少户外活动。儿童、老人、孕妇及心肺疾病患者等应当减少外出，减少户外活动，多在室内运动或调整锻炼时间，尽量避免雾霾污染高峰时段外出锻炼。

中度雾霾天气时，减少户外活动，避免户外锻炼，外出时可佩戴具有防霾功能的口罩。儿童、老人、孕妇及心肺疾病患者等应当避免外出及户外运动。

重度雾霾天气时，尽量留在室内，避免户外活动，必须外出时须佩戴具有防霾功能的口罩。儿童、老人、孕妇及心肺疾病患者等应当留在室内，必须外出时，应当佩戴配有呼吸阀的防护口罩，佩戴口罩前应当向专业医师咨询确认。户外作业人员要佩戴具有防霾功能的口罩。

九、雾霾天气个人防护“三要三不要”

对于雾霾天气时的个人防护，笔者总结出了“三要三不要”：

1. 三要

一要多喝水，保持呼吸道湿润。雾霾天气适当地喝点白开水，以补充体内水分，保持呼吸道和肺部的湿润。

二要尽量减少外出。雾霾可能会引发或加重呼吸道疾病，还易引发心血管疾病。因此抵抗力差的老人、小孩和患有呼吸系统疾病的人应减少户外活动。若必须外出，可选择佩戴口罩来保护自己，但要注意合理选择具有防霾功能的口罩并正确佩戴，且需适时更换。

三要养成良好的生活和饮食习惯。通过正常渠道了解科学防护信息。注意科学饮食和休息，多吃新鲜水果蔬菜，适当补充各种维生素，增强机体免疫力。保持正常心态，放松心情。外出回来要及时清洗裸露的肌肤，洗手、漱口并清理鼻腔。

2. 三不要

一不要让儿童、老人、孕妇及心肺疾病患者等在雾霾天气中外出及做户外活动，可让其在室内运动或调整锻炼时间，尽量避免在雾霾污染高峰时段外出锻炼。

二不要在雾霾天气条件下开窗通风。根据天气情况适时进行通风换气。遇重度雾霾天气要关闭门窗，有条件的家庭可开启空气净化器，居室内打扫采用湿式清洁方式。

三不要在居室内吸烟，避免吸入二手烟。大家一般会关注室外大气 $PM_{2.5}$ 的来源，实际上室内也会产生，最常见的就是吸烟。吸烟是室内产生 $PM_{2.5}$ 很重要的来源，所以控烟在某种意义上也是控制 $PM_{2.5}$ 产生的一个非常重要的措施。

十、重污染天气时的个体防护

以 $PM_{2.5}$ 为首要污染物的重污染天气对人体会造成急性和慢性危害。重污染天气条件下，除一般人群外，我们要重点关注三类人群，第一类为儿童、老人、孕妇等敏感人群；第二类为心肺疾病患者，如患有冠心病、心力衰竭、哮喘或慢性阻塞性肺疾病的患者；第三类为长期在户外作业的人员，如交警、环卫工人、建筑工人等。

采取科学有效的个体防护措施可减轻重污染天气带来的健康危害。出现重污染天气时，外出要做好个人防护。主要措施包括：及时关注当地重污染天气预报预警信息，了解当天及其后数天的大气污染状况，根据空气质量和霾预报情况合理安排出行。如必须外出，应尽量减少室外活动的时间和强度，并佩戴有防霾功能的口罩。建议优先选用标有《日常防护型口罩技术规范》“GB/T 32610—2016”标准或标有“KN95/N95”“FFP2”及其以上标准的口罩。外出回来及时更换衣物，清洗面部（鼻腔）及裸露的皮肤。

建议老年人、儿童等特殊人群在专业人士、医师或家人（长）的指导下选择过滤效率高、带有呼吸阀且舒适性好的口罩。应严格按照使用说明书佩戴和更换口罩。口罩弄湿或弄脏时要及时进行更换。

十一、雷雨天气外出时的防护

雷雨天气条件下，应及时关注气象部门的预报预警，减少户外活动。外出前更要了解天气变化，做好个人防护。

（1）应绕过积水严重地段，避开高压电线、变压站等电力设备及电线集中路段，不走地下通道，不贸然涉水，远离水坑、井盖、建筑物上外露的水管及煤气管等金属物体。

（2）雨伞、雨衣等应选择塑料材质，亮色、透明的，提高可视度，避免发生交通事故。雨天行走时尽量不接打手机。雷电交加时，头、颈、手处若有蚂蚁爬走感，头发竖起，应赶紧趴在地上减少遭雷击的危险，并拿去身上佩戴的金属饰品和发卡、项链等。

（3）经过路口时，要注意观察来往车辆。在路边行走时，也要远离车辆，保持安全距离。驾车应打开大灯、雾灯和危险报警闪光灯，减速慢行，注意防范山洪和泥石流，避开积水和塌方路段。遇路面或立交桥下积水过深时，应尽量绕行。若所驾驶车辆在低洼处熄火，千万不要在车上等候，应下车到高处防雷避雨等待救援。不宜快速开摩托、快骑自行车和在雨中狂奔。

（4）不在树下、广告牌下或电线杆下躲避雷雨，避免遭受雷击或被倒下及坠落的重物砸伤。如万不得已，则须与树干保持 3 米距离，下蹲并使双腿靠拢。当来不及离开高大物体时，应马上找些干燥的绝缘物放在地上，并将双脚合拢放在上面，切勿将脚放在绝缘物以外的地面上。

（5）当在户外看见闪电，几秒钟内就听见雷声，说明正处于近雷暴的危险环境之中，要停止行走，两脚并拢并立即下蹲，不与人拉在一起。若在户外看到高压线遭雷击断裂，此时身处附近的人千万不要跑动，而应双脚并拢，跳离现场。

（6）不在低洼处躲雨，不在高楼平台上停留，不进入户外空旷处孤立的棚屋、岗亭等。不到高处、空旷田野、露天停车场、运动场和迎风坡等易受雷击的地方。不在旷野中打伞，或高举羽毛球拍、高尔夫球棍、锄头等，不进行户外球类运动，不在水面和水边停留，不在河边洗衣服、钓鱼、游泳、玩耍。

第十章
居家的健康安全

第一节 家庭意外应急技能要熟练

一、发现燃气泄漏怎么办

大家平时居家最常用的燃气有煤气、液化石油气和天然气等。燃气安全问题不可小觑。若室内燃气设施或燃气器具等发生泄漏，未及时发现或发现后操作不当，可能会引起燃气中毒甚至燃气爆炸，后果不堪设想。但是，在发现燃气泄漏时，只要看清情况并冷静处理，一般都能有效避免伤害，降低或消除危险因素，具体做法如下。

（1）可用湿毛巾及时捂住口鼻，迅速关闭气源总阀门。

（2）熄灭一切火种，杜绝打开一切火源。

（3）严禁开、关任何电器，严禁使用手机及座机，不要有金属摩擦，及时切断户外总电源，以防电火花引发爆炸。

（4）迅速打开室内所有门窗通风，稀释空气中的燃气，并让燃气散发到室外，使之不能达到爆炸极限。

（5）带领老人、孩子等家人一起立即撤离现场，报警寻求专业人士帮助。到室外拨打燃气公司抢修、抢险电话。

如果事态严重，还要及时拨打火警电话119和急救电话120。

二、药物中毒的急救方法

药物中毒是用药剂量超过极量而引起的中毒。误服或服药过量以及药物滥用均可引起药物中毒。常见的致中毒药物有西药、中药和农药。药物中毒如治疗不及时，可引起心功能衰竭、呼吸功能衰竭等并发症，严重者可导致死亡。在日常生活中，假如遇见了家人、亲戚、朋友等药物中毒，我们该怎么办？

（1）要先保持冷静

立即拨打急救电话120，并时刻观察中毒者状态，最好能搞清楚三件事，方便及时将中毒者病情反馈给医生。一是中毒者吃的是什么药物，二是吃了多少药物，三是中毒者什么时候吃的。

（2）采取可行的急救方法

若发现时中毒者神志仍清楚，要先让其多饮温水，然后用手指刺激其咽喉部进行催吐，催吐后马上让中毒者喝温水500毫升，然后再用上述催吐方法让其吐出胃内容物，恰当反复进行。

若中毒者神志不清，需让中毒者平卧或侧卧，让其头偏向一侧，头部充分后仰，以防舌后坠造成窒息，并注意保持中毒者身体温暖。

（3）处理原则

结合实际情况，去除病因，加速排泄，延缓吸收，采取支持疗法对症治疗以及采取特殊疗法。

三、气管异物的急救与防护

进入气管、支气管内的任何物品均称为“气管异物”，也称为“气道异物梗阻”。在我们的日常生活中，难免偶尔发生一些意外，气道异物梗阻就是其中之一。例如，小孩子容易将食物、小玩具等异物吸入气道，造成呼吸道梗阻，引起窒息，成人也可能出现上述情况。常见的异物有瓜子、药丸、玩具、纽扣、小零件，等等。一旦被噎住，会出现呼吸困难、缺氧等情况。如果不能及时得到救治，可能会导致意识丧失、心跳停止，危及生命。因此，掌握相关急救技能与防护措施很有必要。

被噎住之后及时救治十分关键。但要注意，若此时盲目采用拍打患者背部或将手指伸进患者口腔咽喉去取的办法来排出异物，不仅是无效的，反而可能使异物更深入呼吸道，是非常危险的。这个时候就要用到海姆立克急救法。这是一种利用冲击腹部压迫两肺下叶，从而驱使肺部残留空气将异物冲出的急救方法。

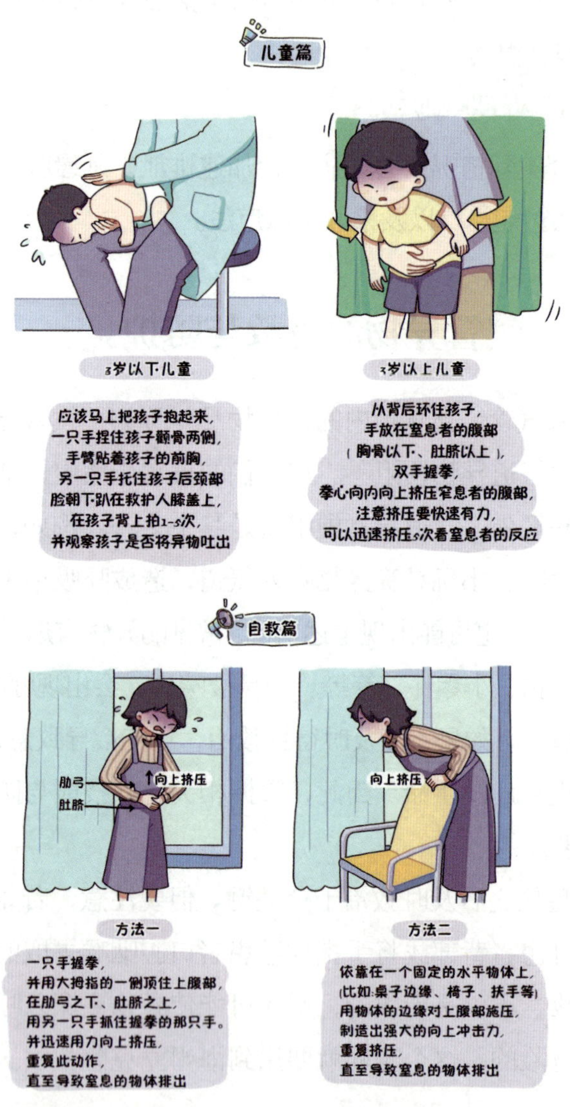

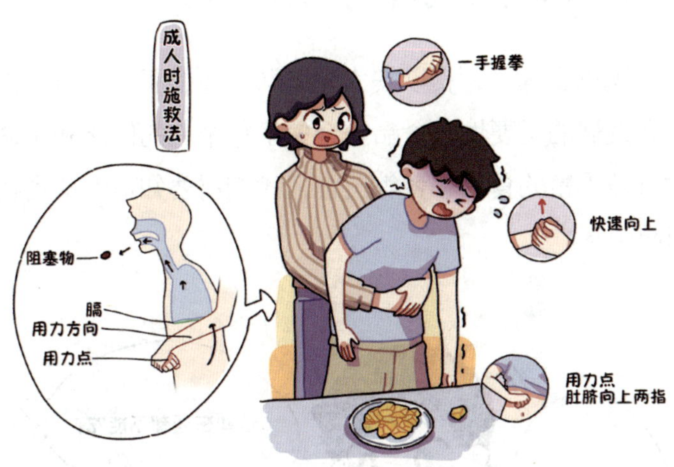

进餐时要细嚼慢咽，不要边吃边说话，也不要专注于听别人说话。咀嚼时不要深吸气或大喘气，尤其是吃鱼类及小块排骨时。

有假牙的老人要注意，一旦有假牙松动脱落，要及时到医院修复。尽量少吃干果、豆类、块状食物如花生、果冻等容易堵塞气管的食品。吃水果时也要小心果核及果籽，尽量少吃葡萄这类果肉圆滑而质地结实的水果。

孩子吃东西时要安静，不能说话、大笑、跑跳，最好能保持直立的坐姿，在固定餐椅中进行。如果孩子的咀嚼吞咽功能还不完善，家长可改变食物形态或让其暂时不吃。要经常对家中进行“地毯式”扫除，及时清理孩子可能碰到的小物件，同时要对孩子进行安全意识教育。

四、哪些食物容易引起中毒

“民以食为天，食以安为先”深刻道出了食品对于人类生存和发展的重要性。食品安全关乎每个人的健康和生命。面对日益丰富的食物和各类美食，我们需要知道哪些食物容易引起中毒。

（1）冷荤类食物或者熟食

卤肉、酱肉等冷荤类食物或熟食，因购买时不新鲜，或保存过程中出现腐败、变质，容易导致食物中毒。

（2）生豆角

各地称呼不同，豆角是四季豆、菜豆、豇豆、扁豆、刀豆等的统称。豆角的形状也略有不同。这些豆科植物都含

有毒物质，比如皂素、凝血素、抗胰蛋白酶等，会刺激胃肠道，使人出现恶心、呕吐、腹痛和腹泻等症状。但只要充分加热、煮熟、焖透，使其失去原有的翠绿色，就可以灭活其毒性安全食用了。

（3）发芽的土豆

正常土豆中含有微量的龙葵素，主要集中于土豆皮以及靠近皮的部位上。但是土豆发芽后，龙葵素含量大增会引起食物中毒。因此，我们不要食用发芽的土豆。

（4）新鲜黄花菜

新鲜的黄花菜含有秋水仙碱，具有一定的毒性，中毒后的主要表现是呕吐、腹痛、腹泻等。

（5）近海贝类

赤贝、牡蛎、海红、赤甲红蟹、虾爬子等近海动物都生活在浅海湾泥沙质海底，常带有副溶血性弧菌、细菌和藻类毒素，易造成食物中毒。

（6）变质银耳、木耳

吃变质的银耳、木耳会发生椰毒假单胞菌中毒。银耳、木耳要先洗干净再泡发，泡发好后要及时食用完毕。泡发后如发现银耳、木耳耳片发黏、软，无韧性或有异味，一定要丢弃。凉拌时要用开水焯熟。

五、食物中毒的家庭急救方法有哪些

一旦有家人不慎食用了不安全的食物，出现头晕、头痛、呕吐、腹痛、腹泻，甚至是抽搐、昏迷等食物中毒症状，首先应立即让其停止食用可疑食物，同时拨打电话呼救。在120急救车到来之前，还可采取以下自救措施及日常预防措施。

（1）中毒者自救的方法

患者意识清醒时，应立即采用简易的方法和使用容易找到的药物进行催吐、洗胃、导泻或灌肠处理。可让其大量饮用温开水或稀盐水，然后用手指或汤勺、筷子等硬质东西刺激其喉部，使其尽快排出体内尚未被吸收的残余可疑食物，以减缓有毒物质的吸收，从而减轻中毒症状，防止病情加重。催吐洗胃越早进行越好，条件允许可反复多次进行。通过导泻或高位灌肠，可使残留于肠腔内的毒素排出体外。可用25%的硫酸镁溶液或50%的硫酸钠溶液，每次口服30毫升左右。也可用300~500毫升的温盐水或肥皂水高位灌肠。导泻或高位灌肠适用于中毒4~6小时、腹泻次数不多的患者。

（2）他人对中毒者进行救治的方法

让患者饮用适量糖盐水，及时补充丢失的体液，防止中毒者脱水导致休克。此外，对于已昏迷的患者，不要强行向其口内灌水，以防止窒息，更要及时就医。最后，保留可疑食物样本或患者的呕吐物和排泄物，供专业医护人员救治时参考。

第二节 居家生活安全知识记心中

一、谨防楼外的管道成盗贼攀爬助手

管道是建筑物领域中常见的设施，建筑物外墙上会安装雨水（下水）管道及燃气管道，有的还紧挨住户阳台或窗户。为了让管道牢固，通常会安装夹子以固定。这就给不法分子顺管道攀爬至住户室内实施盗窃带来了“便利”，管道也就有可能成为盗贼的攀爬“楼梯”助手。不过，只要我们做好以下防范工作，盗贼就基本无从下手。

（1）安装高清监控设备

有条件的小区或家庭可在适当位置安装监控设备，起到震慑、预防、监督、取证、方便管理等作用。

（2）窗户处可加装防盗防护设施

在水管、窗框、空调室外机架等部位安装带刺的铁丝等，在窗口放一些多刺的植物或风铃、酒瓶等也可起到惊醒主人、吓退盗贼的效果。

（3）随手关好门窗

外出前，务必关好门窗，反锁防盗门，不将钥匙存放在门前脚垫下、花盆里等自己以为安全的地方。傍晚临时外出时，可在房间开一盏灯或打开音响。

二、如何使用家庭药箱储备药物

随着人们生活水平和健康意识的不断提高，家庭药箱成为很多家庭的健康助手，在关键时刻能发挥巨大的作用。但若使用或储存不当也可能导致疾病甚至意外的发生。

（1）家庭常备药要以不良反应较少的非处方药为主

应根据家庭成员的健康情况、季节天气变化来进行备药。用药需谨慎，最好在医生的指导下使用。

（2）药箱应放置在避光、干燥的地方

对于药物应严格按照药物说明书要求存储，切勿大量存储药物。注意将药箱及药物放置在儿童够不到的地方，避免儿童误服。

（3）建议将药物分类放置

成人药品与儿童药品分开存放，避免在紧急情况下出现“用错药”的状况。

（4）不可混放

灭蚊、灭蟑类药品不能放在家庭药箱内，以免发生意外。

（5）特殊情况药品专放

如有患有慢性病且需长期用药的家庭成员，最好准备其专用抽屉或药箱。

（6）注意保质期

不同药物的保质期不同，注意保留药物包装，并定期检查药箱内药物是否过期。

应将过保质期的药物及时送至药物回收点或询问医生后进行相关处理，避免造成环境污染。

三、中药使用安全问题不可忽视

中药是我国传统医学的瑰宝。其历史悠久，底蕴丰厚。它是在中医理论指导下应用的药物，包括中药材、中药饮片和中成药等。

中药用药主要有以下几条原则。

一是中药用在“刀刃”上。有病治病、没病防治的说法是不对的。是药三分毒，吃药要恰到好处，避免重复用药。健康的人，能不吃药就不吃，能少吃就少吃。

二是“中病即止”最重要。“中病即止”指的是某方治疗某种病症一旦有效，就要停止使用。常用中草药的使用也要讲究剂量，若药量过大，同样会有副作用。

三是好方子并不适合所有人。根据中医“三因制宜”的原则，地域不同、人群不同、季节不同，防治疾病的方剂有所不同，需因时因人因地裁方用药。网上流传的中药方可能对一部分人起效，但不一定对其他人群有效。另外，有基础性疾病的老人用药更要注意，盲目进补会对身体产生较大影响。

建议大家掌握服用中药的注意事项，药方宜在中医师指导下合理使用。切记不乱服，警惕中药材的不良反应。

四、药物和酒精不可同时服用

“头孢就酒，说走就走”的说法，大家一定不陌生。日常生活中，人难免会感冒、发烧、咳嗽。若服药期间饮酒，药物和酒精均通过人体肝脏代谢，酒精会影响药物发挥作用，药物也影响酒精分解。很容易因两者相互作用而引发某种程度的不良反应，造成身体损伤甚至危及生命。在服药期间都不要饮酒，特别是以下几种药物，尤其不能和酒精同时服用。

（1）抗菌药物

头孢加酒精可能会引发“双硫仑样反应”。主要危害是同时服用抑制了肝脏里的乙醛脱氢酶，使“乙醇—乙醛—乙酸”这个解毒过程中断了。大量有害的乙醛在体内蓄积，产生喉头水肿、头痛头晕、烦躁不安、恶心呕吐等表现，严重时可导致呼吸困难、血压下降甚至死亡。

（2）中枢神经系统药物

酒精对中枢神经系统有镇静、呼吸抑制等作用，和中枢神经系统类药物一起服用可能会产生积累效应。比如抗抑郁药，巴比妥类、苯二氮䓬类、阿片类药物等，与酒精同服，会出现反应迟钝、昏睡等表现，甚至危及生命。

（3）心血管系统药物

此类药物和酒精的相互作用比较复杂，引起的不良反应也不同。比如，单硝酸异山梨酯缓释片与酒精同服，会增加低血压的风险，还影响人的反应速度。

（4）抗炎药和止痛药

对乙酰氨基酚和酒精一起服用，可能增加肝脏毒性。阿司匹林和酒精一起服用，会增加消化道出血的风险。

五、保健食品和药品要区分

随着我国综合国力的日益增强，人民生活水平显著提高。尤其在经历了全球大流行的新冠疫情后，大家对于提高自身免疫力和保护身体健康方面更加重视，保健食品市场需求日益旺盛。

保健食品是适用于特定人群，具有调节机体的功能，不以治疗疾病为目的，并且对人体不产生任何急性、亚急性或慢性危害的食品。而药品是用于预防、治疗疾病，有目的地调节人体生理机能并规定有适应证或者功能主治内容、用法和用量的物质。由概念可知，保健食品其实仍是食品，与药品有着严格的本质区别。

老年朋友在购买保健食品时更要理性，不要将保健品当成救命稻草，盲目听信商家所宣传的功效，必须严遵医嘱、科学用药。擅自停药或用保健食品控制病情，反而会贻误病情。

六、谨防残留的洗洁精伤身体

洗洁精是一种食品用洗涤剂，因其洗涤和清洁便捷高效而越来越受到消费者的青睐。在我们的日常生活中，几乎每家每户都在使用洗洁精。一直以来其安全性都受到广大消费者的关注。

洗洁精中主要的风险成分包括甲醛和阴离子表面活性剂，后者主要有十二烷基磺酸钠、脂肪醇聚氧乙烯醚硫酸钠等。国家标准对洗涤剂中甲醛的浓度是有规定的，但一些小型洗涤剂生产厂家因原料、生产过程、卫生条件等达不到要求，只得使用数量超过限量要求的甲醛作为防腐剂以保证洗洁精不变质。因此，“洗洁精致癌”实际上指的是甲醛超标、不合格的洗洁精致癌。

为了使用安全，请购买正规厂家生产、符合国家标准的洗涤剂。使用洗洁精时，佩戴橡皮手套，防止经常接触洗洁精对皮肤带来的损害。家庭清洗餐具应以冲洗为主，最好将洗涤后的餐具冲洗三次，以减少洗涤剂的残留。从食品卫生角度来考虑，对餐具最好定期进行高温消毒。

七、提防电信诈骗

近年来，我国电信行业发展迅猛，已成为全球通信强国。但是，在社会中也流传着一种诈骗方式，那就是电信诈骗。

很多人都“中过招”。电信诈骗就是违法犯罪分子利用通信工具及短信编造虚假信息，巧妙设置骗局，对受害人实施远程、非接触式诈骗，诱使受害人打款或转账的犯罪行为。

（1）冒充受害人的熟人，进行诈骗

犯罪分子会在电话中让受害人猜猜他是谁，当受害人报出他的某一熟人姓名后即予承认，谎称即将来看望受害人。隔日，再打电话编造因赌博、吸毒等被公安机关查获，或以出车祸、生病等急需用钱为由，向受害人借钱并告知汇款账户，达到诈骗的目的。

（2）冒充社保、银行、电信等工作人员或老师等

以社保卡、医保卡、银行卡刷卡消费或扣年费、密码泄露、电话欠费、缴纳学费，个人信息泄露，被他人利用从事犯罪，需要受害人给银行卡升级、验资证明清白为由，提供所谓的安全账户，引诱受害人将资金汇入犯罪嫌疑人指定的账户中。

（3）利用高薪招聘进行诈骗

犯罪嫌疑人通过群发信息，以高薪招聘“公关先生”“特别陪护”等为幌子，称受害人已通过面试，向指定账户中汇入一定的培训、服装等费用后即可上班。步步设套，骗取钱财。

（4）利用汇款信息进行诈骗

犯罪嫌疑人以受害人的儿女、房东、债主或业务客户的名义发送“我的原银行卡丢失，急等用钱，请速汇款到 ××× 账号”，受害人不加甄别，结果被骗。

（5）销售保健品诈骗

犯罪团伙以非法途径收集老年人的信息资料，抓住老年人怕生病和迷信“专家教授”的心态，冒充专家教授，博取老年人的信任，售卖保健品。起初，受害的老年人往往抱着试试看的心态选择花小钱购买专家所谓的“良药”，但因为防骗意识较弱，在犯罪分子轮番使出免费用药等利益诱惑手段之后，一步步陷入犯罪分子精心设计的骗局之中，使多年的积蓄付诸东流。

八、警惕网络诈骗

网络诈骗是以非法占有为目的，利用互联网，采用虚构事实或者隐瞒真相的方法，骗取数额较大的公私财物的犯罪行为。随着互联网经济的迅猛发展，以网络诈骗为代表的新型犯罪频频发生，已成为数量上升最快、群众反映最为强烈的突出的犯罪之一。

（1）杀猪盘诈骗

诈骗分子把受害人称为“猪”，把聊天设局的过程称为“养猪”，骗取钱财叫“杀猪”。这是一种网络交友类诈骗。

（2）刷单返利类诈骗

诈骗分子通过网站、社交软件、短视频平台等渠道发布兼职广告，招募“刷单客”等。一旦有受害人“上钩”，即将其拉入“做任务”的聊天群中。当受害人完成任务想要提

现时，诈骗分子将设置重重障碍，拒不支付本金和佣金，甚至诱骗受害人加大投入，以骗取更多资金。

（3）投资理财类诈骗

诈骗分子通过多种渠道锁定受害人并骗取其信任。在获得受害人的信任后，诈骗分子采用冒充投资导师、金融理财顾问的手段。受害人前期小额投资试水可获得返利，一旦受害人加大资金投入，就会发现无法提现或全部亏损，并被诈骗分子拉黑，且虚假的网站、App 无法登录。

（4）冒充网购客服类诈骗

受害人群通常为网购用户人群，诈骗分子事先大肆非法窃取、收购买家网购信息及快递面单信息，以退款、理赔等为由对买家或平台商家实施精准诈骗。

第三节 病媒生物防治办法要知悉

一、居家驱蚊、灭蚊有妙招

炎热的夏季是蚊子最活跃的季节。居家生活，难免受蚊虫叮咬的困扰。不过防蚊、驱蚊、灭蚊有妙招，一起来学习各种驱蚊、灭蚊的知识吧！

1. 传统蚊香

传统蚊香曾是居家灭蚊的必备用品，是长辈们的最爱。它的驱蚊效果较好，但是用起来不够方便，需要点火才能使用，存在一定的风险和安全隐患。

2. 电蚊拍

常见的电蚊拍一般是以电容放电的方式灭蚊。不过电蚊拍工作时有直流高压，会产生一定强度的火花，因此，严禁在有易燃气体的场所中使用和检修。通电时，忌用手或导电金属棒接触其高压电网，防止发生意外。若长时间不用，应取出电蚊拍电池仓内的电池。

3. 蚊帐

蚊帐也是传统的驱蚊好物，但是要注意在关闭蚊帐前仔细检查，确保蚊帐内没有偷偷溜进去的蚊子。市面上常见的一般有 16 孔、32 孔和 48 孔的蚊帐。从孔数方面来看，48 孔的蚊帐防护效果最佳。

4. 驱蚊手环、驱蚊贴

通常，驱蚊手环和驱蚊贴中含有天然驱蚊效果的植物提取液，提取液经过挥发以达到驱蚊的效果。不过需要注意的是，不建议给 3 岁以下的婴幼儿佩戴驱蚊手环。因为婴幼儿可能会啃咬手环，导致其将含有驱蚊成分的载体吃到肚子里面，从而对健康造成损害。

二、如何快速消灭苍蝇

苍蝇到处乱飞，喜欢在垃圾、粪便上爬行，又喜欢飞到人类的食物上，因此机械性传播病原体是蝇类传播疾病的主要方式。苍蝇能携带 100 多种细菌、30 多种原虫、20 多种病毒。苍蝇传播的疾病以消化道疾病最为常见，主要发生在夏、秋季节，那我们家庭中日常怎样快速消灭苍蝇呢？有哪些物品呢？

（1）苍蝇拍

使用苍蝇拍是最原始的方法。优点是其成本低，缺点是灭蝇效果如何很大程度上取决于灭蝇人的技术。

（2）杀虫剂

使用杀虫剂是灭蝇最快的方法，但灭蝇的同时会污染环境，尤其不适用于有食品生产的食品厂和有药品生产的制药厂。

（3）紫外灯

紫外灯可以昼夜不停地使用。其优点是无污染，可昼夜灭蝇；缺点是会产生火花，不适用于易燃易爆的场所。

（4）粘蝇纸

粘蝇纸使用安全。原理是当苍蝇误撞到粘蝇纸上或落在粘蝇纸上停歇时被粘住而无法活动。这种方法只适用于苍蝇较多又不需要严格灭蝇的地方。

（5）粘捕式灭蝇灯

这种捕蝇方式是选用黑光灯管最有效的灯光频率吸引苍蝇等飞虫飞入灯盒内，苍蝇会被预先内置的抗紫外线粘胶板粘住。整个过程没有噪声，没有气味，高效隐蔽，安全无毒、无污染。

三、蟑螂的危害与防治

蟑螂繁殖迅速、食物广泛，其分泌物还会散发出恶臭。蟑螂还携带众多细菌，如果人们接触到被蟑螂污染过的食物，可能会对健康产生危害。世界上蟑螂的种类有 6000 多种。我们日常生活中经常见到的只有两种：一种是美洲大蠊；另一种是德国小蠊。

从个人家庭卫生的角度来说，应定期清理家庭卫生死角，特别是水池、卫生间边角处、墙角、下水道口等隐蔽处。应保持台面干燥，不留积水；每天清理产生的厨余垃圾。采取

以上措施能够有效预防蟑螂及其他家庭病媒生物的滋生。

如果家里出现了蟑螂，人们应当如何应对呢？常见的放置蟑螂屋的方法主要是通过在“小屋”内涂满强性粘胶，中间放置一个能够吸引蟑螂的诱饵，吸引蟑螂过来，然后死死将其粘住，达到家庭灭蟑的作用。

家庭防治蟑螂比较有效的方法是采用“杀蟑胶饵”。其原理是引诱蟑螂吃带有杀虫剂的诱饵，蟑螂吃后不会马上死亡，通常是等它回到窝里后，才会毒发身亡。在毒饵的作用下，中毒的蟑螂回窝后会抽搐、呕吐，而蟑螂有吃同伴呕吐物、粪便和尸体的习惯，毒饵中的有毒物质便会在整个蟑螂窝里蔓延。杀蟑胶饵的有效性一般保持在半年左右。因此，建议每隔半年投放新的杀蟑胶饵，并搞好家庭卫生，保持居室干净整洁。

四、居家环境中的鼠类防治

鼠类传播的疾病复杂，部分疾病能传染给人，并可引起人与人之间的流行。

1. 将老鼠“拒之门外”

老鼠会通过各种途径进入室内，如通过门、窗、墙壁空洞、下水道等进入。因此，要加强居室建筑防护，将老鼠“拒之门外”。

（1）窗

窗户上的缝隙，如窗玻璃与窗框以及两扇窗之间的缝隙长度要小于0.6厘米。为了开窗通风，则要加孔径小于0.6厘米的铁纱网，防止老鼠侵入。

（2）门

门是老鼠“登堂入室”的重要途径。家里的门缝，如门与门、门与地面、门与门框间的缝隙长度均应小于0.6厘米。

（3）洞

房屋墙壁与外界相通的洞，如排风口、空调管孔、水暖气管孔洞等都可以成为老鼠侵入室内的途径。对于墙壁与外界相通的孔洞直径大于0.6厘米、面积较小或无通风功能的地方，可以用建筑材料，如防火泥、发泡剂或钢丝球等老鼠不易咬坏的材料直接进行封堵。

（4）漏

下水道是老鼠侵入室内的重要通道。家庭装修时要安装地漏，且地漏孔径要小于1厘米。

2. 使用灭鼠药注意事项

（1）所选用的产品一定要有农药登记证、生产许可证，过期的产品不要用。

（2）在购买和使用灭鼠产品之前，都应仔细阅读该产品的标签。

产品标签上有产品的使用指南和安全须知，务必认真阅

读，留心产品的有效成分、使用方法，有无限定使用场合，如何避免中毒和污染环境，怎样保管等。

（3）不要全面施药，要有的放矢地进行，在老鼠经常出没的地方、下水道出口、纱门纱窗等处施药，会事半功倍。

（4）灭鼠药要放到儿童接触不到的地方。

五、螨虫及其防治

螨虫是室内重要的过敏原。由于其体积微小，可随着呼吸进入气道，引起呼吸道过敏反应，一般表现为过敏性鼻炎或结膜炎等，可出现眼痒、眼红、流泪、鼻塞、流鼻涕、打喷嚏等症状，还可发展为鼻息肉，甚至诱发哮喘发作。另外，螨虫粪便中的蛋白酶可以破坏皮肤的屏障功能，引起特应性皮炎，从而出现红斑或湿疹等。

地毯、窗帘等家庭装饰织物上面容易积聚碎屑残渣，且容易潮湿，是尘螨繁殖的理想栖息地。建议尽量少使用地毯或定期对其进行吸尘。勤晒被子，床上用品等每隔 2 周清洗更换，采用热水（≥ 55℃）烫洗或烘干机烘干等方式可以有效减少尘螨数量。

也可以选择专业除螨产品。目前市场上常见的专业除螨产品是除螨化学喷剂和除螨片。使用化学杀螨剂会有残留，

对人体有毒，而且除螨喷雾及除螨片无法解决螨虫尸体及螨虫排泄物清理问题。另一类产品是除螨仪。在购买除螨仪时，一要看是否符合国家现行标准的要求，二要看拍打方式、热风祛湿、尘杯容量等机器性能指标。

第十一章
生活方式与健康

一、少订外卖，做饭控盐、油和糖

外卖给生活带来了极大的便利，但外卖可能存在卫生不达标、食材来源安全性和调味品质量无保证等隐患。另外，外卖一般是重油重盐，营养搭配不均衡。无论收入高低，工作是否忙碌，自己做饭都是最好的选择，安全、干净，便于控制盐、油和糖的使用。

（1）控盐

减少 5% ~ 10% 的烹调用盐通常不会对菜品口味产生明显影响，且有助于人群逐步适应并养成清淡少盐的饮食习惯。使用限量盐勺、低钠盐、减盐酱油等也可以在一定程度上减少盐的摄入。

（2）控油

使用带刻度的控油壶，定量用油、控制总量。烹饪时多用蒸、煮、炖、焖、凉拌等方式，使用不粘锅、烤箱、电饼铛等烹调用具均可减少用油量。菜汤或汤类菜肴味道浓郁，但需要注意其中可能有较多的浮油。

（3）控糖

很多传统菜品中含有大量糖，如糖醋排骨、红烧肉、拔丝地瓜、锅包肉等，不宜频繁食用。在家烹饪应有意识地控制用糖，如炒菜、煮粥或做豆浆时应少加或不加糖。可巧用水果为菜肴带来香甜的口味，如可以在烹饪菜肴时加入带甜味的水果，从而减少菜肴中糖的使用量。

二、这样洗澡更科学

洗澡是一件让人温暖、舒服的事情，但却不是每个人都能做到科学洗浴。用错误的方法洗澡不但达不到理想的清洁效果，甚至可能会引发危险。想要健康地洗澡，我们应注意以下几个要素。

（1）洗澡频率

对于洗澡频率到底应如何定，需要结合实际的天气状况、人体出汗状况及个人习惯来进行。如天气较热、出汗量较大时，洗澡频率应适当增加。天气干燥时频繁洗澡可能会导致皮肤表面的油脂减少，导致皮肤干燥，进而诱发皮肤病。

（2）洗澡的水温

洗澡前要调试好水温。洗热水澡能够促进血液循环，增强身体的新陈代谢，但水温过高或浸泡时间过长均可破坏皮肤屏障，扩张足部血管，长期如此可能导致静脉曲张，甚至出现皮炎、湿疹等。一般洗澡温度最好不超过 42℃。

（3）洗澡的方式

洗澡最重要的作用就是清洁皮肤。在洗澡过程中，最好用手或柔软的棉质毛巾轻轻擦洗皮肤，避免过度搓揉。此外，洗澡前适当补充水分，洗澡后使用身体乳等，都是健康洗浴的好习惯。

（4）洗澡的时机

有些时机不宜洗澡，包括饱餐后、饥饿时、酒后或血压过低时，都容易产生危险。通常洗澡的时间宜在饭后一小时或者睡前一小时进行。这样有利于消化食物，也有助于睡眠。

三、上厕所的正确姿势

上厕所是每人每天必做的事情。便器大致有两种，即蹲便器和坐便器。公共场所的蹲便器的应用较多，居家生活选择坐便器的居多。那么到底是蹲便好还是坐便好？上厕所的正确姿势又是什么样的呢？

（1）蹲便

人在蹲着的时候，腹部承受的压力更大，肠道更为通畅，所以蹲着排便更符合人体生理特征。当然，蹲着容易加重膝关节负担，特别是对于中老年人来说，蹲久了容易头晕、耳鸣，站起来时由于体位性低血压甚至可能发生一过性休克，后果不堪设想。

（2）坐便

坐便器俗称马桶，是使用时以坐着为特点的便器。与蹲便相比，坐便时的人体舒适性更高，极大地减轻了双腿的负担，尤其适合中老年人，更为便捷、安全。但是坐着排便时，肠道通畅度会低一些，腹部压力也减小了，排便相对于蹲便困难一些。

那么正确的上厕所的姿势是怎样的呢？从生理学角度来说，肛肠角越大，直肠越直，排便就越顺畅。因此，蹲便比坐便更友好。但是在马桶普及度很高的今天，我们应掌握坐便的正确姿势。坐马桶时，脚下踩一个小板凳，上身微微前倾，可以增加腹压，有助于顺利排便。没有小板凳时，双肘抵在

双膝上，双手撑住下巴并微微用力托起，有产生刺激大肠蠕动的效果。

最后，要注意无论是蹲便还是坐便，最好速战速决，时间太久均会提高各种肛肠疾病的发病率。

四、学会科学睡眠

睡眠与人体健康、人的认知功能、情绪状态以及出行安全等都有密切关系。科学、充足的睡眠，保证良好的睡眠质量，更有利于保护身体健康。

（1）科学睡眠有四个要素

一是睡眠时长。年龄阶段不同，对睡眠的时长要求稍有不同。根据长期的医学研究，发现正常成人每天保持 5~7 小时的睡眠时间是更加科学的，儿童及青少年的睡眠时间需要大于 8 个小时，学龄前儿童宜在 10 个小时以上。睡眠时长也存在个体差异，以第二天醒来后能够保持体力、精力充沛为主要的判断标准。

二是睡眠时间。晚上 10 点到第二天 6 点是最佳的睡眠时间。

三是连续性。睡眠时间应该是无缝的，没有碎片的。

四是深度。睡眠应该足够深，以恢复健康。

（2）如何实现科学睡眠

一是改善睡眠环境。调整卧室的温度到适宜状态，过冷、过热都不利于睡眠。保持室内环境的安静，睡觉时尽量关灯，枕头软硬、高矮适度，被褥舒适。

二是规律作息。掌握自身的睡眠特征，培养规律的睡眠习惯。按时上床睡觉，尽量不提前上床或赖床，遵守生物节律。中午可以进行 20~30 分钟的午睡，有利于帮助维持下午的良好工作状态。

三是调整情绪。临睡前保持放松状态，避免兴奋和刺激，可以尝试听听舒缓的音乐，听听轻微的海浪声、流水声等有规律的波动的声音，让身体逐渐进入睡眠状态。

五、适度使用手机，保持身心健康

现代的快节奏生活离不开手机，人们往往早晨醒来第一件事便是摸手机，吃饭、走路、上厕所都要看手机，晚上睡觉时还是在长时间地看短视频和朋友圈的过程中睡去。手机一刻不在，人就会感觉到焦虑，这就是“手机依赖症”。现在不仅年轻人成了手机控，许多中年人甚至老年人也患上了“手机依赖症”。智能手机的普及确实给我们的生活带来了巨大的便利，丰富多彩的应用程序几乎可以解决我们生活中所有的问题。但是经常长时间无节制地玩手机，无疑也会对身体健康造成很大伤害。

长时间使用手机会导致眼睛处在一种过度疲劳的状态之中，出现流泪及胀痛等不适症状，容易造成眼睛近视或者散光，甚至引发其他眼部疾病。手机产生的辐射会对人体细胞正常的新陈代谢产生影响；长期无节制地玩手机，会使黑色素沉积，在脸部或皮肤上形成斑点。

那么我们应该怎样减少对手机依赖呢？在平日，我们可以把手机放置在离自己较远的地方，这样可以大大减少自己无意识玩手机的时间。在打开手机前，要明确告诉自己要干什么，要看多长时间，完成操作后要立即把手机搁置在一边。生活中可以培养更多健康的兴趣爱好，如定期适度锻炼身体，要求自己在一段时间内读完一本好的图书等。